ASP.NET Web 应用程序设计与开发

主　编　王晓红
副主编　田桂娥　姚纪明

武汉大学出版社

图书在版编目(CIP)数据

ASP.NET Web 应用程序设计与开发/王晓红主编. —武汉:武汉大学出版社,2014.12
ISBN 978-7-307-14907-6

Ⅰ.A… Ⅱ.王… Ⅲ.网页制作工具—程序设计 Ⅳ.TP393.092

中国版本图书馆 CIP 数据核字(2014)第 275318 号

责任编辑:鲍 玲　　责任校对:汪欣怡　　版式设计:马 佳

出版发行:**武汉大学出版社**　　(430072　武昌　珞珈山)
(电子邮件:cbs22@whu.edu.cn　网址:www.wdp.com.cn)
印刷:武汉中科兴业印务有限公司
开本:787×1092　1/16　印张:14　字数:355 千字　插页:1
版次:2014 年 12 月第 1 版　　2014 年 12 月第 1 次印刷
ISBN 978-7-307-14907-6　　定价:29.00 元

版权所有,不得翻印;凡购买我社的图书,如有质量问题,请与当地图书销售部门联系调换。

前 言

随着互联网的普及和不断发展，网站快速开发已经成为 Web 编程人员共同关注的核心问题。为此，微软公司推出了用于 Web 应用开发的全新平台——ASP.NET。它具有功能性强、开发简单快速、易于扩展和调试、安全性高等优势，因此，ASP.NET 已经成为目前最流行的 Web 开发技术。本书从 Web 网站设计入手，以实际开发需求为导向，使用大量案例循序渐进地引导读者快速、牢固地掌握 ASP.NET 的网站开发方法与技巧。

本书共分为 12 章，内容如下：

第 1 章，ASP.NET 程序开发概述：介绍了什么是 ASP.NET，ASP.NET 的安装环境以及 IIS 的安装与配置，通过本章学习可以对 ASP.NET 有一个初步认识。

第 2 章，网页设计基础：主要介绍了静态网页与动态网页，以及 HTML 基本语法、常用 HTML 标记的基本属性和用法。

第 3 章，CSS 层叠样式与页面布局：首先介绍了 CSS 基本语法和如何使用 CSS 对 HTML 文档进行统一设计。然后讲解了网页布局的几种方式以及如何使用 CSS 与 DIV、Table 等 HTML 元素结合优化网页设计。

第 4 章，ASP.NET 标准服务器控件：介绍了 ASP.NET 常用服务器控件的属性、方法等，详细讲解了不同服务器控件的使用方法与技巧。

第 5 章，ASP.NET 基本对象：系统地介绍了 Page、Request、Response、Application、Session 和 Cookies 常用 ASP.NET 内置对象的使用。

第 6 章，ASP.NET 验证控件：主要介绍了 ASP.NET 数据验证的两种方式，分析了 ASP.NET 不同验证控件的作用与用法。

第 7 章，数据源控件：主要介绍了 ASP.NET 提供的常用数据源控件 SqlDataSource 控件、ObjectDataSource 控件和 AccessDataSource 控件的基本属性、方法以及用法。

第 8 章，ADO.NET 数据库访问：以 SQL Server 为例介绍了 ADO.NET 数据库访问和数据操作。

第 9 章，数据绑定：首先介绍了常用的数据绑定方式，然后详细讲解了简单数据绑定、复杂数据绑定以及如何绑定到数据库等技术。

第 10 章，数据服务器控件：介绍了 DataList、GridView 和 Repeater 控件的数据绑定及数据操作。

第 11 章，网站导航：主要介绍了 ASP.NET 网站导航技术的使用，包括站点地图和网站导航控件。

第 12 章，ASP.NET AJAX：主要介绍了什么是 ASP.NET AJAX 及其原理和特点，介绍了 ASP.NET AJAX 主要控件的使用方法。

本书不仅注重理论知识的学习，更加注重实践演练，每一章在理论知识讲解之后都有大量的案例讲解，使读者能够巩固理论，快速上手并举一反三。从章节安排上，本书循序渐进、深入浅出，从基本理论到实际开发应用环环相扣，尤其对于非计算机专业的读者来说，本书既具有基础理论，又能够拓展延伸，帮助读者更加系统、全面地学习有关 Web 开发技术，使读者学习完本书后，基本具备了 ASP.NET Web 应用程序独立开发的能力。

本书可以作为本科院校 Web 应用程序设计与开发课程的学习教材，也可以作为 Web 软件开发人员以及有意向从事该专业的人员的参考和指导用书。

本书是由河北联合大学王晓红任主编，河北联合大学田桂娥、姚纪明任副主编，其中王晓红编写了第 1 章、第 4 章至第 12 章，田桂娥、姚纪明完成了第 2 章和第 3 章。最后由王晓红对全书进行了统稿、修改和定稿。

本书在编写过程中得到了河北联合大学矿业工程学院地理信息科学系各位老师的支持与帮助，同时在编写过程中参考了相关文献，在此向这些文献的作者以及各位同事、朋友深表感谢。由于编写水平有限，书中不足在所难免，敬请广大读者、同仁批评指正。

作　者

2014 年 9 月

目 录

第1章 ASP.NET 程序开发概述 ... 1
1.1 .NET 简介 ... 1
1.1.1 .NET 框架体系 ... 1
1.1.2 ASP.NET 介绍 ... 3
1.2 ASP.NET 运行与开发环境 ... 3
1.2.1 安装与配置 Web 服务器 IIS ... 3
1.2.2 Visual Studio 2010 安装与介绍 ... 6
1.3 ASP.NET 创建网站 ... 7
1.4 创建 ASP.NET 网站应用程序示例 ... 11
1.5 复习题 ... 14

第2章 网页设计基础 ... 15
2.1 Web 程序开发基础 ... 15
2.1.1 网页基础理论 ... 15
2.1.2 静态网页 ... 16
2.1.3 动态网页 ... 17
2.1.4 静态与动态网页的优缺点分析 ... 18
2.2 HTML 基础 ... 18
2.2.1 HTML 基本语法 ... 19
2.2.2 HTML 文件架构 ... 20
2.3 HTML 常用标签 ... 21
2.3.1 HTML 的主体<body>标签 ... 21
2.3.2 段落控制标签 ... 23
2.3.3 文字格式控制标签 ... 24
2.3.4 锚标签<a> ... 26
2.3.5 图像标签<img/> ... 30
2.3.6 列表相关标签 ... 31
2.4 复习题 ... 35

第3章 CSS 层叠样式与页面布局 ... 36
3.1 CSS 基础 ... 36

3.1.1　CSS 基本语法 ………………………………………………………………… 36
　　3.1.2　CSS 选择器 …………………………………………………………………… 38
　　3.1.3　CSS 属性 ……………………………………………………………………… 42
3.2　使用 CSS ……………………………………………………………………………… 43
3.3　页面布局 ……………………………………………………………………………… 45
　　3.3.1　框架与网页布局 ……………………………………………………………… 45
　　3.3.2　表格与网页布局 ……………………………………………………………… 47
　　3.3.3　DIV 与 CSS 结合的页面布局 ………………………………………………… 51
3.4　复习题 ………………………………………………………………………………… 54

第 4 章　ASP.NET 标准服务器控件 …………………………………………………… 55
4.1　ASP.NET Web 服务器控件的基本属性和行为 ……………………………………… 55
　　4.1.1　ASP.NET Web 服务器控件与 HTML 控件的区别 ………………………… 55
　　4.1.2　ASP.NET Web 服务器控件的基本属性 ……………………………………… 56
　　4.1.3　ASP.NET Web 服务器控件的事件 …………………………………………… 57
4.2　按钮类服务器控件 …………………………………………………………………… 59
　　4.2.1　Button 控件 …………………………………………………………………… 59
　　4.2.2　LinkButton 控件 ……………………………………………………………… 60
　　4.2.3　ImageButton 控件 …………………………………………………………… 60
4.3　文本类服务器控件 …………………………………………………………………… 61
　　4.3.1　Label 控件 ……………………………………………………………………… 61
　　4.3.2　Literal 控件 …………………………………………………………………… 61
　　4.3.3　TextBox 控件 ………………………………………………………………… 62
4.4　选择性服务器控件 …………………………………………………………………… 63
　　4.4.1　RadioButton 控件 …………………………………………………………… 63
　　4.4.2　CheckBox 控件 ………………………………………………………………… 64
　　4.4.3　ListBox 控件 …………………………………………………………………… 64
　　4.4.4　DropDownList 控件 …………………………………………………………… 66
4.5　Image 控件 …………………………………………………………………………… 69
4.6　HyperLink 控件 ……………………………………………………………………… 69
4.7　复习题 ………………………………………………………………………………… 70

第 5 章　ASP.NET 基本对象 ……………………………………………………………… 71
5.1　Page 类 ………………………………………………………………………………… 71
　　5.1.1　ASP.NET 页面生命周期 ……………………………………………………… 71
　　5.1.2　Page 类的重要属性、方法和事件 …………………………………………… 72
5.2　Request 对象 ………………………………………………………………………… 75
5.3　Response 对象 ………………………………………………………………………… 76
5.4　Session 对象 …………………………………………………………………………… 78
　　5.4.1　Session 对象的属性和方法 …………………………………………………… 78

5.4.2 Session 对象的使用 ……………………………………………………………… 78
5.5 Cookie 对象 ………………………………………………………………………… 79
5.6 Application 对象 …………………………………………………………………… 81
5.7 复习题 ……………………………………………………………………………… 83

第6章 ASP.NET 验证控件 …………………………………………………………… 84
6.1 数据验证方式 ……………………………………………………………………… 84
6.2 RequiredFieldValidator 控件 ……………………………………………………… 85
6.3 CompareValidator 控件 …………………………………………………………… 86
6.4 RangeValidator 控件 ……………………………………………………………… 88
6.5 RegularExpressionValidator 控件 ………………………………………………… 89
6.6 CustomValidator 控件 …………………………………………………………… 91
6.7 ValidationSummary 控件 ………………………………………………………… 93
6.8 复习题 ……………………………………………………………………………… 94

第7章 数据源控件 ……………………………………………………………………… 95
7.1 数据源控件概述 …………………………………………………………………… 95
7.2 SqlDataSource 控件 ……………………………………………………………… 96
7.3 ObjectDataSource 控件 ………………………………………………………… 103
7.4 AccessDataSource 控件 ………………………………………………………… 108
7.5 复习题 …………………………………………………………………………… 108

第8章 ADO.NET 数据库访问 ……………………………………………………… 109
8.1 ADO.NET 概述 ………………………………………………………………… 109
　8.1.1 .NET Framework 数据提供程序 …………………………………………… 109
　8.1.2 ADO.NET DataSet ………………………………………………………… 111
8.2 ADO.NET 中常用的对象 ……………………………………………………… 111
　8.2.1 Connection 对象 …………………………………………………………… 111
　8.2.2 Command 对象 …………………………………………………………… 114
　8.2.3 DataReader 对象 …………………………………………………………… 115
　8.2.4 Parameter 对象 …………………………………………………………… 118
　8.2.5 DataAdapter 对象 ………………………………………………………… 121
　8.2.6 DataSet 对象 ……………………………………………………………… 122
8.3 简单的数据操作 ………………………………………………………………… 129
　8.3.1 新增数据 …………………………………………………………………… 129
　8.3.2 更新数据 …………………………………………………………………… 131
　8.3.3 删除数据 …………………………………………………………………… 131
8.4 复习题 …………………………………………………………………………… 132

第 9 章　数据绑定 ... 133
9.1　简单数据绑定 ... 133
9.1.1　绑定到变量 ... 134
9.1.2　绑定到服务器控件的属性值 ... 135
9.1.3　绑定到表达式 ... 135
9.1.4　绑定到集合 ... 136
9.1.5　绑定到方法 ... 136
9.2　绑定到复杂数据源 ... 138
9.2.1　绑定到 DataSet 控件 ... 138
9.2.2　绑定到数据库 ... 139
9.3　常用控件的数据绑定 ... 141
9.3.1　DropDownList 控件的数据绑定 ... 141
9.3.2　ListBox 控件的数据绑定 ... 142
9.3.3　RadioButtonList 控件的数据绑定 ... 143
9.3.4　CheckBoxList 控件数据绑定 ... 144
9.4　复习题 ... 145

第 10 章　数据服务器控件 ... 146
10.1　DataList 控件 ... 146
10.1.1　DataList 控件概述 ... 146
10.1.2　DataList 控件模板 ... 149
10.1.3　DataList 控件的使用 ... 151
10.2　GridView 控件 ... 155
10.2.1　GridView 控件的属性、方法和事件 ... 155
10.2.2　GridView 控件的样式 ... 158
10.2.3　GridView 控件的分页与排序 ... 165
10.2.4　GridView 控件的数据操作 ... 165
10.3　Repeater 控件 ... 169
10.3.1　Repeater 控件的属性、方法和事件 ... 169
10.3.2　Repeater 控件的模板与数据绑定 ... 170
10.4　复习题 ... 179

第 11 章　网站导航 ... 180
11.1　站点地图与 SiteMapDataSource 控件 ... 180
11.1.1　站点地图的创建与语法结构 ... 180
11.1.2　配置多个站点地图文件 ... 183
11.1.3　SiteMapDataSource ... 185
11.2　导航控件 ... 187
11.2.1　Menu 控件 ... 187
11.2.2　TreeView 控件 ... 193

11.2.3　SiteMapPath 控件 …………………………………………………… 196
11.3　复习题 ……………………………………………………………………… 198

第 12 章　ASP. NET AJAX …………………………………………………… 199
12.1　ASP. NET AJAX 简介 ……………………………………………………… 199
12.2　ScriptManager 控件 ………………………………………………………… 201
12.3　UpdatePanel 控件 …………………………………………………………… 203
12.4　Timer 控件 …………………………………………………………………… 211
12.5　复习题 ……………………………………………………………………… 213

参考文献 ………………………………………………………………………………… 214

第1章 ASP.NET程序开发概述

ASP.NET(Active Server Page.NET)是由微软公司推出的用于Web应用开发的全新平台,是.NET框架(即.NET Framework)的组成部分,它从最早的ASP(Active Server Pages,活动服务器页)发展而来,到目前最新版本ASP.NET 4.5,已经成为一个可用于在服务器上生成功能强大的Web应用程序的工具。本章主要介绍ASP.NET的相关知识以及如何创建简单的Web应用程序,使读者能够对这个平台有一个基本的认识。

本章重点:
- ASP.NET的基本框架;
- IIS服务的安装配置;
- 新建Web页面的基本方法。

1.1 .NET简介

.NET框架是一个与语言无关的组件开发和执行环境,.NET不是一个操作系统,而是一个基于因特网和Web的全新架构,它提供了一个跨语言的统一编程环境,因此便于开发人员建立Web应用程序和Web服务,使得Internet上的各应用程序之间,可以通过Web服务进行沟通。

1.1.1 .NET框架体系

.NET框架(.NET Framework)是一个致力于敏捷软件开发(agile software development)、快速应用开发(rapid application development)、平台无关性和网络透明化开发的软件开发平台。.NET包含许多有助于互联网和内部网应用迅捷开发的技术。.NET框架是微软公司继Windows DNA之后的新开发平台,也为应用程序接口(API)提供了新功能和开发工具。这些革新使得程序设计员可以同时进行Windows应用软件和网络应用软件以及组件和服务(Web服务)的开发。.NET提供了一个新的反射性的且面向对象程序设计的编程接口。.NET设计得足够通用化从而使许多不同高级语言都得以被汇集。

.NET框架是一种采用系统虚拟机运行的编程平台,以公共语言运行库(Common Language Runtime,CLR)为基础,支持多种语言(C#、VB.NET、C++、Python等)的开发。运行于公共语言运行库之上的是.NET Framework类库(Framework Class Library,FLC)。这是.NET Framework的两个核心组件。

(1) 公共语言运行库

公共语言运行库(又称公共语言运行时)是.NET Framework的基础,可以将运行库看作是一个在执行时管理代码的代理,它提供内存管理、线程管理和远程处理等核心服务,并且还强制实施严格的类型安全以及可提高安全性和可靠性的其他形式的代码准确性。事实上,代码管理的概念是运行库的基本原则。以运行库为目标的代码称为托管代码,而不以运行库为目标的代码称为非托管代码。

公共语言运行库管理内存、线程执行、代码执行、代码安全验证、编译以及其他系统服务。这些功能是在公共语言运行库上运行的托管代码所固有的。至于安全性,主要取决于包括托管组件的来源(如 Internet、企业网络或本地计算机)在内的一些因素,托管组件被赋予不同程度的信任运行库强制实施代码访问。例如,用户可以相信嵌入在网页中的可执行文件能够在屏幕上播放动画或唱歌,但不能访问他们的个人数据、文件系统或网络。这样,运行库的安全性功能使得通过 Internet 部署的合法软件具有丰富的功能。

运行库还提高了开发人员的工作效率。例如,程序员可以用他们选择的开发语言编写应用程序,同时仍能充分利用其他开发人员用其他语言编写的运行库、类库和组件。任何选择以运行库为目标的编译器供应商都可以这样做。以 .NET Framework 为目标的语言编译器使得用该语言编写的现有代码可以使用 .NET Framework 的这一功能,这样就大大减轻了现有应用程序的迁移过程的工作负担。

(2).NET Framework 类库

.NET Framework 类库是一个由类、接口和值类型组成的库,通过该库中的内容可访问系统功能。它是生成 .NET Framework 应用程序、组件和控件的基础,可以使用它来开发多种应用程序,这些应用程序包括传统的命令行或图形用户界面(GUI)应用程序,还包括基于 ASP.NET 提供的最新创新的应用程序,如 Web 窗体和 XML Web Services 等。类库中的常用的命名空间和命名空间类别见表 1-1。

表 1-1　　　　　　　　　　NET Framework 类库常用的命名空间

命名空间	说　　明
System	基本数据类和基类,定义常用的值和引用数据类型、事件和事件处理程序、接口、属性和异常处理
System.Collections	定义各种标准的、专门的、通用的集合对象
System.Data	ADO.NET 数据访问类
System.Drawing	基本的 GDI+ 图形功能
System.IO	文件输入和输出,以及处理出入串行端口的数据流
System.Linq	支持语言集成查询(LINQ)的查询
System.Net	为当前网络采用的多种协议提供简单的编程接口
System.Printing	支持打印,允许访问打印系统对象的属性
System.Resources	提供允许开发人员创建、存储和管理应用程序中使用的各种区域性特定资源的类和接口
System.Runtime	支持应用程序与公共语言运行库的交互
System.Text	字符编码和字符串操作的类型,以及不需要创建字符串的中间实例就可以操作和格式化字符串对象的帮助器类
System.Threading	多线程编程的类型

续表

命名空间	说　　明
System.Transactions	包含允许开发者的代码参与事务的类
System.Web	提供支持浏览器/服务器通信的类和接口，包含 HTTP 类
System.Web.Services	包含 ASP.NET 和 XML Web Services 客户端来创建 XML Web Services 的类
System.Web.UI	ASP.NET Web 应用程序用户界面的 ASP.NET 服务器控件和 ASP.NET 网页的类和接口
System.Windows	包含在 Windows Presentation Foundation(WPF)应用程序中使用的类型
System.Xaml	解析和处理可扩展应用程序标记语言(XAML)的类
System.Xml	处理 XML 的类

1.1.2　ASP.NET 介绍

ASP.NET 是 .NET Framework 的一部分，可以用来构建 Web 应用程序，并将开发 Web 应用程序的类库封装在 System.Web.dll 文件中，显露于 System.Web 命名空间，并提供 ASP.NET 网页处理、扩充以及 HTTP 通道的应用程序与通信处理等工作，以及 Web Service 的基础架构。ASP.NET 是 ASP 技术的后继者，但它的发展性要比 ASP 技术强大许多。很多人都把 ASP.NET 当作是一种编程语言，但它实际上只是一个由 .NET Framework 提供的一种开发平台(development platform)，并非编程语言。也可认为 ASP.NET 是 .NET 组件，任何 .NET 语言，例如 C#、VB 等都可以引用该组件，创建网页或 Web 服务。

ASP.NET 自 2002 年发布 1.0 版本以来，陆续发布了 1.1、2.0、3.0 和 4.0 等诸多版本，2012 年 8 月微软发布了 ASP.NET 4.5。随着 ASP.NET 新版本的发布，同时也增加了许多强大的功能，例如，ASP.NET 4.0 新增了许多功能，增加了具有配合 .NET Framework 4.0 应用程序的并行运算库(Parallel Library)，ASP.NET MVC 2.0，jQuery 完全集成与 ASP.NET AJAX Client Library 强化，以及 AJAX CDN、QueryExtender 的支持，CSS 控制行为的变更，自定义的 Client ID 输出，ViewState 的控制，配合 Visual Studio 2010 的 Web Deploy 工具，等等。而在 ASP.NET 4.5 中又增加了前端功能强化的 Web Form 及 jQueryMobile 支援的新功能。鉴于目前主流和软件的稳定性，本书主要以 4.0 版本为主介绍 ASP.NET Web 应用程序的开发。

1.2　ASP.NET 运行与开发环境

使用 ASP.NET 进行 Web 应用程序的开发，需要具备一定的开发环境和软件要求。首先需要 Web 服务器 IIS 和将文件写入的 Web 服务器权限，还要有 .NET Framework 的支持以及程序开发平台，如 Visual Studio 2010。当然，程序的开发设计数据的处理与操作还应安装数据库产品，如 Microsoft SQL Server 等，用于提供应用程序数据存储。

1.2.1　安装与配置 Web 服务器 IIS

ASP.NET Web 应用程序通常使用 Internet 信息服务(Internet Information Services，IIS)来

承载 Web 应用程序。一般情况下，在 Windows 7（家庭版以上版本）安装后，可以直接运行 IIS，并不需要安装盘，但在默认情况下，Windows 7 在安装时不会自动安装 IIS，只能手动安装。这里以 Windows 7 为例，介绍如何配置 IIS 服务器。

首先打开"控制面板"，单击"程序和功能"项，弹出如图 1-1 所示的窗体。在该窗体左侧，单击"打开或关闭 Windows 功能"，弹出如图 1-2 所示的对话框，再安装 Windows 功能的选项菜单，选择 Internet 信息服务的所有组件。

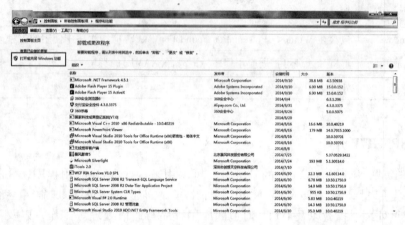

图 1-1　程序和功能

安装完成后还需要对 IIS 进行配置，打开"控制面板"，进入系统和安全，打开管理工具，点击"Internet 信息服务(IIS)管理器"，进入如图 1-3 所示的界面，双击"Internet 信息服务(IIS)管理器"项，弹出"Internet 信息服务(IIS)管理器"对话框，展开左侧目录，选择"Default Web Site"项后，在右侧选择"IIS"下的"ASP"项，如图 1-4 所示。

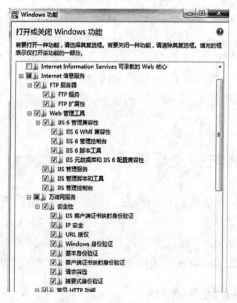

图 1-2　打开必需的 IIS 功能

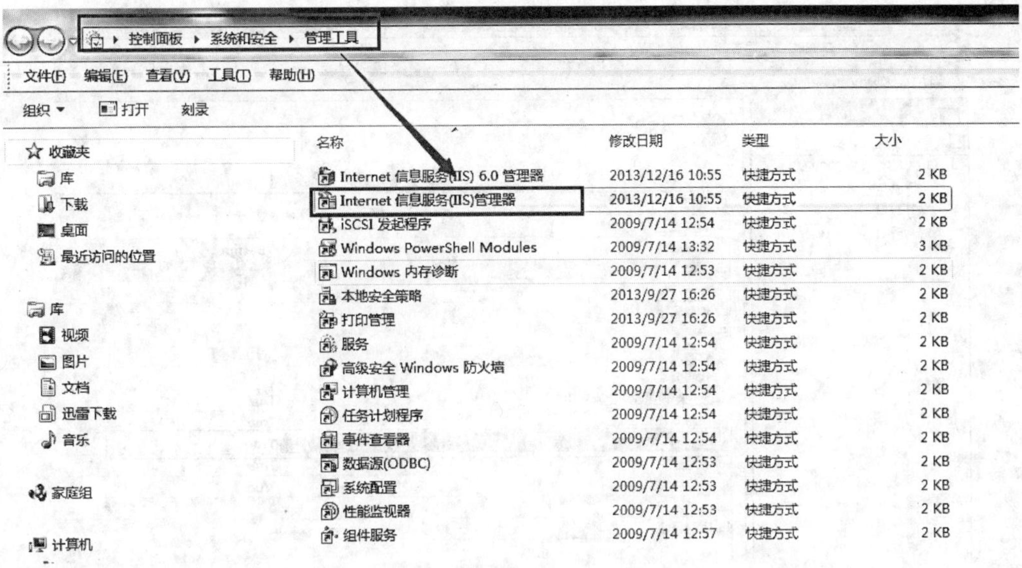

1.2 ASP.NET 运行与开发环境

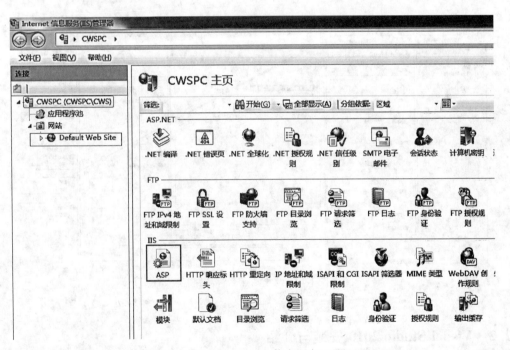

图 1-3 控制面板中的 IIS 项

图 1-4 Internet 信息服务

在弹出的窗体中启用父路径，默认值"False"改为"True"，如图 1-5 所示。再回到 Default Web Site，选择配置站点右边侧的高级设置，在对话框中设置自己的网站名称、存放路径，如图 1-6 所示。在浏览器里输入"http：//localhost"显示默认的欢迎页，则表示成功。

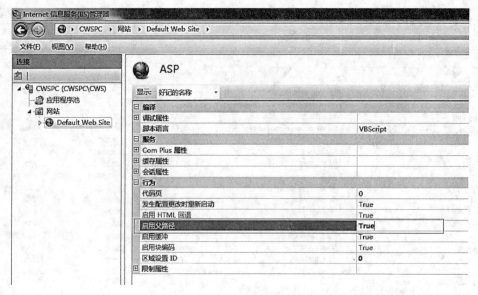

图 1-5　设置"启用父路径"

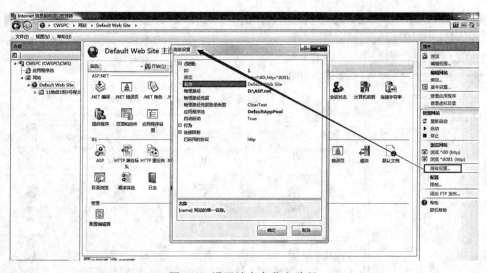

图 1-6　设置站点名称和路径

1.2.2　Visual Studio 2010 安装与介绍

Visual Studio 2010 是 2010 年 4 月微软公司提供的功能强大的集成开发环境(IDE)，目前有 5 个版本：专业版、高级版、旗舰版、学习版和测试版。学习版可以免费获得并能够满足学生和新手开发构建动态 Windows 应用程序、网站和网络服务的需求。

Visual Studio 2010 安装相对简单，启动安装包后，按照提示单击"下一步"，采用默认设置即可完成安装，用户还可以选择是否安装 MSDN 帮助文档和在线更新，其安装也相对简单，不再介绍。下面主要介绍 Visual Studio 2010 开发环境。

打开 Visual Studio 2010 集成开发环境，进入如图 1-7 所示的主界面。下面依次介绍主界面的构成部分：

标题栏：位于主界面的最顶端，显示页面的主题；

菜单栏：位于标题栏下方，包含了"文件"、"编辑"、"视图"等实现所有功能的菜单；

工具栏：位于工具栏下方，包含了"新建"、"添加新项"、"打开"、"保存"等常用的几十个工具，用户也可以根据需求进行自定义。工具栏可以单行显示，也可以多行显示，可以根据用户的使用习惯进行调整；

起始页：位于工具栏的下方，是主界面的中心和主要构成部分。起始页分左右两个边栏，左侧主要显示"连接到 Team Foundation Server"、"新建项目"、"打开项目"以及"最近使用的项目"，右侧是"入门"、"指南和资源"以及"最新新闻"，用户根据需求可以选择在启动时是否加载起始页以及新的项目启动后是否关闭起始页。

工具箱：位于工具栏下方起始页的左侧，工具箱包含了项目开发所使用的各种控件，通过拖拽即可将要使用的控件放到界面中进行使用。工具箱关闭后可以在"视图"菜单中找回。

解决方案资源管理器：位于工具栏下方起始页的右侧，它集合了一个或多个项目的所有类型文件和组件，创建解决方案后，会建立一个扩展名为.sln 的文件，解决方案关闭后，单击"视图"菜单中"解决方案资源管理器"即可。

Visual Studio 2010 支持窗口移动和悬浮，拖动"工具箱"或者"解决方案资源管理器"的标题部位，可以将其拖放到屏幕的上下左右不同部位，用户可以根据使用习惯进行自定义。

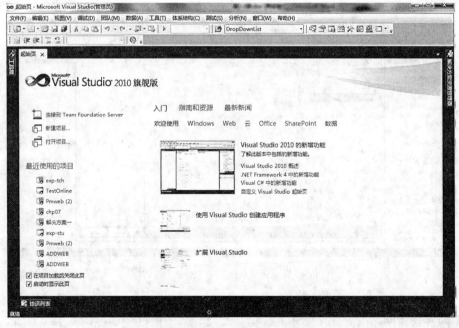

图 1-7　Visual Studio 2010 主界面

1.3　ASP.NET 创建网站

使用 Visual Studio 2010 可以方便快捷地创建 ASP.NET Web 应用程序，下面以一个例子介绍创建一个简单 Web 应用程序的过程，具体步骤如下：

（1）打开开发环境

打开开发环境，显示如前文中图 1-7 所示的起始界面。

（2）新建网站

新建网站通常有两种不同的方式，一种是通过 WebSite 方式"新建网站"，即在"文件"菜单中选择"新建网站"，弹出如图 1-8 所示的对话框，在已安装模板的列表中，选择"Visual C#"节点，选择 .NET Framework 4 下的"ASP.NET 网站"项，在"Web 位置"中通过"浏览"按钮选择网站存储路径，并为新建的网站项目命名，如 Demo1，然后单击"确定"即可。这种方式新建的网站可以通过选择解决方案，单击"文件"下的"另存为"的方式将解决方案保存在与网站文件相同的目录下。

另一种方式是使用 WebApplication 方式"新建网站"。在"文件"中选择"新建项目"，弹出如图 1-9 所示的对话框，也可以通过单击工具栏中的"新建项目"工具或者单击起始页左边栏中的"新建项目…"来实现。在弹出的对话框中，已安装模板的列表下，选择"Visual C#"节点下的"Web"项，选择 .NET Framework4 下的"ASP.NET 应用程序"，在"名称"文本框中输入项目的名称，如 Demo2，在"位置"文本框中输入网站项目的存储路径或通过"浏览"按钮选择网站存储路径，在"解决方案"下拉框中选择"创建新的解决方案"，在"解决方案名称"文本框中输入解决方案的名称，选择"为解决方案创建目录"。最后单击"确定"按钮，即可创建一个新的 ASP.NET Web 项目。

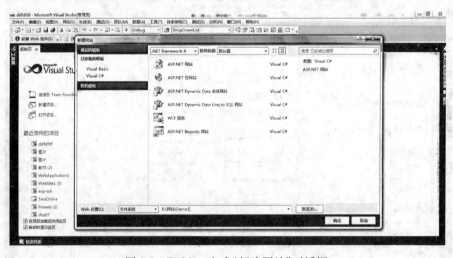

图 1-8　WebSite 方式"新建网站"对话框

以上两种新建网站的方式虽然不同，但是却没有本质的区别，可以认为 WebSite 方式是 WebApplication 方式新建网站的快速方式，一般前者比较适合中小型系统网站，而后者适合相对较大的一些系统。值得一提的是，Visual Studio 2010 SP1 内置了两者的转换程序，可以非常方便地从 WebSite 转换到 WebApplication，只需要复制文件，右键执行"转换为 Web 应用程序"即可，但不支持反向转换。本书中的案例和讲解均采用 WebApplication 方式。

（3）管理资源

新建一个网站项目后，会生成一系列文件资源（图 1-10），如 .aspx 扩展名的文件是设计

图 1-9 WebApplication 方式"新建网站"对话框

页面文件，一般进行网页页面布局和客户端处理。该文件下面有两个 .cs 文件，即 .aspx.cs 和 .designer.cs 文件，.aspx.cs 文件是类文件即代码隐藏页，用来存储和书写程序执行的逻辑代码以及与数据库交互的操作代码。.designer.cs 文件，是窗体设计器生成的代码文件，存储页面配置信息，作用是对窗体上的控件执行初始化工作。Global.asax 文件是 ASP.NET 应用程序文件，提供了一种在一个中心位置响应应用程序级或模块级事件的方法，可以使用这个文件实现应用程序安全性以及其他一些任务。Site.Master 是母版页文件，可以为应用程序中所有的页面创建一致的布局，可以为其子页定义所需的外观和行为。Web.config 文件是

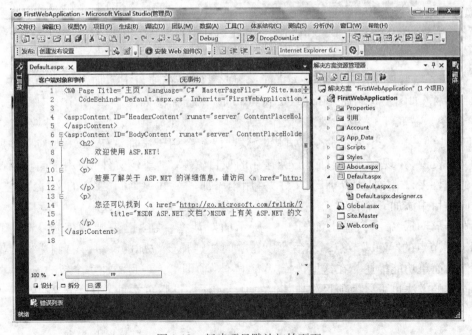

图 1-10 新建项目默认初始页面

ASP.NET 中保存项目配置信息(如数据库连接字符串等)的重要文件。可以通过解决方案资源管理器来管理这些文件资源,如新建页面,删除和卸载项目。例如,通常要删除页面默认生成的 About.aspx 文件删除,方法是选中要删除的文件,然后单击右键选择"删除",在弹出的对话框中点击"确定"即可。

(4) 添加新资源

一个解决方案资源管理器可以管理多个 Web 项目,如果要在现有的解决方案中添加新的 Web 项目,首先在"解决方案资源管理器"右击"解决方案'FirstWebApplication'(1 个项目)",然后选择"添加"命令,在下一级菜单中选择"新建项目",如图 1-11 所示,弹出"添加新项目"对话框,可以按照(2)中所示,继续添加新的 Web 项目。

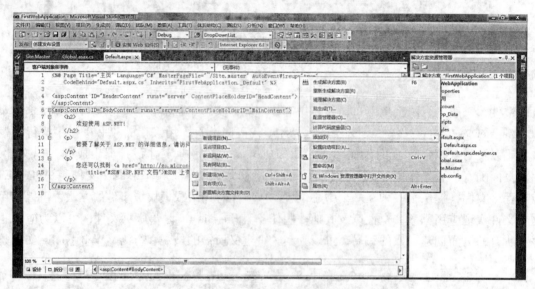

图 1-11　添加新项目菜单

一个 Web 项目往往包含多个网页页面,因此就需要在项目中添加多个页面文件。首先右击项目名称(如图 1-10 中的 FirstWebApplication),会弹出如图 1-12 所示的对话框,选择"添加"命令,在其下一级子菜单中有"新建项"、"现有项"、"新建文件夹"、"添加 ASP.NET 文件夹"、"类"5 个命令,其中"新建项"命令用于添加 ASP.NET 对应版本所支持的所有文件资源,"现有项"是打开已经存在的项目资源,"新建文件夹"用于向项目中添加一个新的文件夹,"添加 ASP.NET 文件夹"用于添加一个 ASP.NET 独有的文件夹,"类"命令用于向项目中添加一个自定义类文件。

选择"新建项"命令,弹出如图 1-13 所示的对话框,在"已安装的模板"节点下选择"Visual C#"节点的"Web"节点,然后可以在中间栏选择要添加的文件,右侧边栏会出现该类型文件的简单功能描述。在这里选择"Web 窗体"项即可为项目添加一个新的窗体(页面),当然用同样的方法也可以为项目添加其他的项,如添加母版页文件、HTML 文件,等等。在对话框的"名称"一栏可以为新添加的窗体或其他文件进行重命名,然后点击"添加"按钮即可。

1.4 创建 ASP.NET 网站应用程序示例

图 1-12 添加新页面菜单

图 1-13 添加新项对话框

1.4 创建 ASP.NET 网站应用程序示例

【示例 1-1】 本示例演示在浏览器上显示"欢迎学习 ASP.NET Web 编程"的页面，具体实现步骤如下：

① 启动 Visual Studio 2010，在起始页面按照 1.3 节(2)中 WebApplication 方式新建网站，并命名为 FirstWebApplication，选择合适的存储路径保存(图 1-9)。

② 在新创建的网站的"解决方案资源管理器"中通过右键删除自动生成的 Default.aspx 文件后，再重新添加一个 Web 窗体，方法如 1.3 节中的(4)所述，命名为 WelcomePage.aspx，

如图 1-14 所示，在左边的文档框中加载的是 .aspx 的页面文件，该页面有"设计"、"拆分"和"源"三种不同的视图，图 1-14 所示的是"源"视图，可以通过编写代码的形式来设计网站页面。文档中第 1 行代码是文件的配置信息，第 3 行声明了文档的根元素是 HTML，第 5 行和第 16 行是 HTML 文档的头和尾标签，关于 HTML 知识会在后续章节详细介绍。

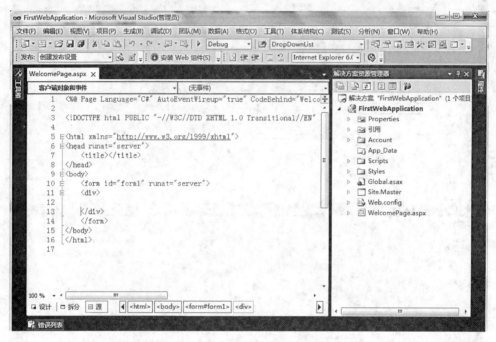

图 1-14　新建窗体的初始页面文件

③添加一个 Label 控件到页面文件，此处有两种方法：方法一是打开"工具箱"，按住鼠标左键选中"Label"控件将其拖拽到页面文件的<div></div>标签之间，放开鼠标，会在页面文件自动生成该控件声明代码；方法二是直接在<div></div>标签之间键入代码"<asp：Label ID = "Label2" runat = "server" Text = "Label" ></asp：Label>"，其中 ID 可以看作一个控件的标识码，相同类型控件的 ID 值不能重复，runat = "server"是指该控件在服务器端运行，Text 是 Label 显示的文本内容，默认值为"Label"，可以根据需要进行修改，在这里将其修改为"Text = "欢迎学习 ASP. NET Web 编程""。按照同样的方式再拖拽一个 Label 控件到页面文件，Text 的值保持默认值，其结果如图 1-15 所示。

④编写代码文件。在"解决方案资源管理器"中，展开 WelcomePage. aspx 文件后找到其节点下的 WelcomePage. aspx. cs 文件，双击该文件名，切换至隐藏代码页面，如图 1-16 所示。开发人员在该页面可以编写与页面对应的后台逻辑代码。在后台代码文件 WelcomePage. aspx. cs 中编写如下代码：

protected void Page_Load(object sender，EventArgs e)｛
　　　　Label2. Text = "Welcome to your ASP. NET world"；
｝

⑤选择主菜单。选择菜单栏中的"生成"的"生成解决方案"命令，选择"视图"→"输出"命令查看生成结果，如果生成成功，则在"输出"窗口显示如图 1-17 所示的界面。

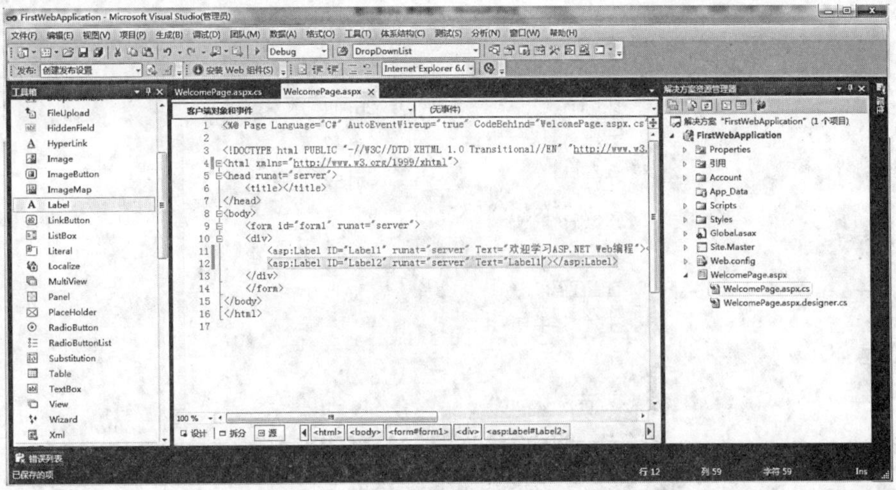

图 1-15 添加控件后的页面文件

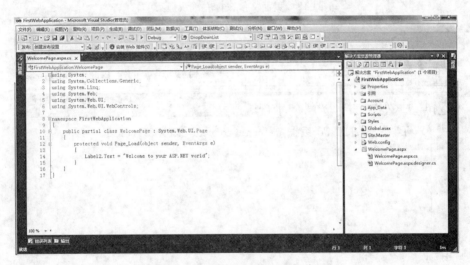

图 1-16 隐藏代码页编辑逻辑代码

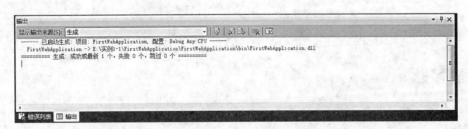

图 1-17 输出窗口

⑥将文件切换至页面文件。在页面任何位置单击鼠标右键或将鼠标右键单击 WelcomePage.aspx，显示如图 1-18 所示的快捷菜单，选择"在浏览器中查看(B)"命令，或者通过使用 Ctrl+F5 键的方式运行所编辑的网站程序，显示效果如图 1-19 所示。

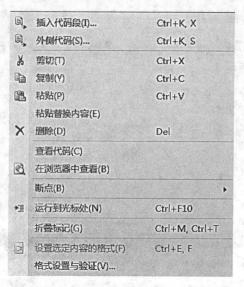

图 1-18　页面文件鼠标右键快捷菜单

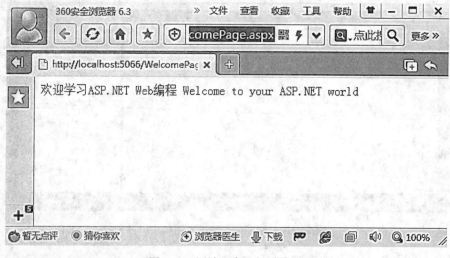

图 1-19　网站程序运行后效果

1.5　复习题

1. .NET 框架体系的核心组件是什么？有什么作用？
2. 简述配置 IIS 服务器的过程。
3. 新建网站有哪两种不同的方式？它们之间有什么区别和联系？

第2章 网页设计基础

开发 Web 应用程序，不但要学习基本的语言，而且还要掌握 Web 页面设计的基本知识和相关技术。本章对 Web 页面的基本概念、HTML 语言及页面设计技巧进行介绍，理解和掌握这些概念和技术，对于后续 Web 程序的开发有很大帮助。

本章重点：
- 静态网页与动态网页；
- HTML 基本语法和结构；
- HTML 常用标签的属性和使用方法。

2.1 Web 程序开发基础

网页是构成网站的基本元素，是承载各种网站应用的载体，网站就是将一组网页按照一定的逻辑组织在一起。网页通常由图像、文字和动画构成，并通过网页浏览器来阅读。下面简单介绍网页的基本知识、网页与服务器的交互、动态网页和静态网页以及网页的设计等。

2.1.1 网页基础理论

网页是用户上网时呈现于用户浏览器上的载有各类信息的文件页面，通常这些文件的信息存放于可以与互联网相连的计算机中，网页经由网址（URL）来识别与访问。当我们在网页浏览器输入网址后，经过一段复杂而又快速的程序，网页文件会被传送到用户的计算机，然后通过浏览器解释网页的内容，再展示到用户的眼前。这一过程可以描述为，当用户需要通过互联网浏览网页信息时，首先需要建立网络连接，然后用户在浏览器地址栏中输入类似 http://www.wikipedia.org 的 URL 并按下 Enter 键时，就是通过 Web 浏览器向 Web 服务器发送了链接这个地址的一个请求，这个过程是通过 HTTP（HTTP-Hypertext transfer protocol，超文本传输协议）完成的。HTTP 就是 Web 浏览器与 Web 服务器之间的通信协议，这个协议详细规定了 Web 浏览器和 Web 服务器之间互相通信的规则。当服务器接收到浏览器发送过来的请求后，会进行判断分析，将相应的结果发送给客户端的浏览器。请求与应答模式如图 2-1 所示。

HTTP 协议的主要特点有：
①HTTP 是基于客户/服务器模式的。
②支持两种请求和应答的模式，一种是简单的请求和应答，一种是完全的请求和应答。
③简单灵活，客户向服务器请求服务时，只需传送请求方法和路径，不同请求方法规定了客户与服务器联系的类型不同。HTTP 允许传输任意类型的数据对象，且由于 HTTP 协议简单，使得 HTTP 服务器的程序规模小，因而通信速度很快。
④HTTP 支持两种建立连接的方式：非持久连接和持久连接（HTTP1.1 默认的连接方式

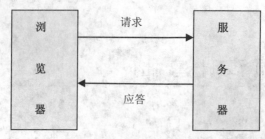

图 2-1 服务器与浏览器的请求与应答

为持久连接)。

⑤HTTP 协议是无状态协议。无状态是指浏览器在第一次请求完成后,服务器不会记住客户的信息,第二次请求时,服务器需要重新读取客户的信息。

2.1.2 静态网页

静态网页是相对于动态网页而言的,静态网页是网站建设初期经常采用的一种形式。主要由 HTML 页面组成。静态网页的文件扩展名是 .htm 或 .html,可以包含文本、图像、声音、Flash 动画、客户端脚本和 ActiveX 控件及 JAVA 小程序等。尽管在这种网页上使用这些对象后可以使网页动感十足,但是,这种网页不包含在服务器端运行的任何程序代码,也不会与后台数据库有任何联系,网页上的内容编辑好后不再发生任何变化,因此称其为静态网页。例如,当用户访问 http://www.wikipedia.org 时,浏览器会向 http://www.wikipedia.org 的 Web 服务器发送请求,即一个特定的 URL,http://www.wikipedia.org 的 Web 服务器会进行响应,确定 URL 对应的文件,并将其传回给用户的浏览器上,这种模式只适用于提供静态页面,因为 Web 服务器只是将请求 URL 的对应内容返回给发出请求的浏览器,而并不能根据外部输入对请求的 URL 内容进行修改。

下面通过一个示例说明使用 HTML 语言组成静态网页的具体过程。

【示例 2-1】 用 HTML 制作"欢迎学习 ASP.NET Web 编程"的静态网页,运行后网页标题为"静态网页"。

具体步骤为:

①新建一个记事本,即"新建文本文档.txt"文档。

②打开该文档后输入下列代码:

```
<html>
    <head>
        <title>静态网页</title>
    </head>
    <body>
        欢迎学习 ASP.NET Web 编程
    </body>
</html>
```

③保存输入的内容,关闭文档。

④将"新建文本文档.txt"文档的扩展名改为 .htm(或 .html)。

⑤双击"新建文本文档.htm",浏览页面效果,如图 2-2 所示。

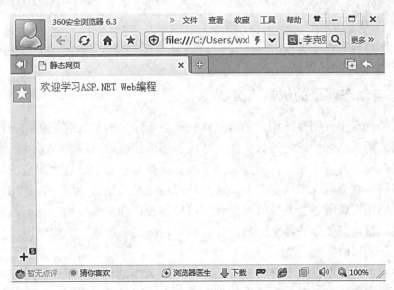

图 2-2 简单的 HTML 静态网页

说明:.html 文件也可以使用 Visual Studio 2010 来新建一个 HTML 文件,打开 Visual Studio 2010,选择"文件"菜单的"新建"→"HTML 文件"即可,也可以将.html 文件导入到 Visual Studio 2010 中。通过以上示例可以看出,HTML 文档由文本内容和 HTML 标记两部分构成,其中 HTML 标记是包含在一对尖括号< >中的,从上述 HTML 文本内容的结构可知,HTML 标记由不同的层次构成,如头、标题等,当然 HTML 还有其他标签内容,如表单等,都会在下一节做详细介绍。

2.1.3 动态网页

动态网页与传统的静态网页相反,不再是仅包含简单的 HTML 标记的网页,而是页面通过执行 ASP、PHP、JSP、.NET 等程序或逻辑后生成客户端网页代码的网页。它会因为用户输入条件的改变而产生不同的网页。这既可能是服务器端生成的网页,也可能是客户端生成的网页,或是两者的混合。

服务器端的动态网页是指服务器通过应用程序服务器处理服务器端脚本而生成的网页。服务器传递给脚本的参数决定了每一个网页的生成方式,有时包括如何生成更多的客户端脚本。常见的实现方式有 PHP、ASP、JSP、.NET。在服务器端对程序逻辑代码解释、执行完毕后,生成的网页是一个标准的 HTML 页面,所有的服务器端的脚本不会传给客户端。客户端的动态网页在浏览器中加载网页的时候进行处理。JavaScript 和其他脚本语言决定了收到的 HTML 如何嵌入到文档对象模型(DOM)中。这些脚本语言也可以动态地更新或改变最初的文档对象模型。

客户端动态网页是在客户端完成的,例如,客户输入邮箱地址的时候,网站一般会通过"@"、".cn/.com"等符号来判断输入的邮箱是否正确或者是为空值,这些验证一般是通过客户端动态网页技术来完成,并没有经过服务器运行代码逻辑实现的动态网页。客户端的动态网页一般通过以下4种技术实现：
    a. 客户端动态网页一般使用脚本来实现：JavaScript+DOM+CSS 实现动态网页；
    b. 微软的 ActiveX 技术；
    c. Sun 的 Java Applet 技术；
    d. MicroMedia Flash 技术。

2.1.4 静态与动态网页的优缺点分析

静态网页的优点十分明显，用户的浏览器打开静态网页的速度要快于动态网页，因为动态网页的页面，需要结合用户的参数，然后才能够形成相应的页面，服务器的速度和网络速度将会影响动态网页的访问速度，而静态网页的页面在服务器上已经有现成的，用户只要提交请求，静态网页就会响应到浏览器上，而且还可以通过浏览器的缓存，让用户在第二次打开时，基本上不用再到服务器下载就可得到，可见这种访问速度要快于动态网页。静态网页的另一个优点，就是只要服务器上的每个静态网页之间能够形成一个内链网络，就非常利于搜索引擎的收录和抓取。

当然静态网页的缺点也是十分明显的，对于一个大型的网站，特别是资讯类网站来说，如果每个页面都变成静态页面，那工作量肯定非常大，同时也很不利于网页的维护，因为静态网页是没有数据库的，每个页面都需要人工检查，如果网页的链接出现错误，往往需要花费很长的时间逐个排查进行纠正。

动态网页的优点首先是网站的互动性非常好，现在很多网页游戏，就是典型的动态网页，通过交互能够提升网页的黏性，另外，动态网页的管理非常简单，因为动态网页几乎都是通过数据库来管理的，只要通过操作数据库就能够实现对网页的维护，而且现在很多免费建站程序，也都是这种数据库架构，非常适合个人站长使用。

可是动态网页的缺点同样明显，首先随着访问人数的增多，服务器负载就会不断增大，最终会出现访问速度特别慢，甚至崩溃的问题。另外，因为是交互式设计，那就很容易给黑客留下后门，造成账号信息泄露或被盗。除此之外，就是对搜索引擎的亲和力不如静态网页好。

2.2 HTML 基础

前面已经介绍 HTML 是构成超文本链接的标记语言。它是在互联网发布超文本文件（通常所说的网页）的通用语言。所谓超文本，就是它可以加入图片、声音、动画、影视等内容，每一个 HTML 文档都是一种静态的网页文件，这个文件里面包含了 HTML 标记，这些标记并不是一种程序语言，它只是一种排版网页中资料显示位置的标记语言。每个标记的符号都是一条命令，它告诉浏览器如何显示文本。这些标记均由"<"和">"符号以及特定字符串组成。而浏览器的功能是对这些标记进行解释，显示出文字、图像、动画、播放声音。这些标记符号用"<标记名字属性>"来表示。当保存 HTML 文件时，既可以使用 .htm 也可以使用 .html 文件扩展名。选择哪个扩展名只是长久以来形成的习惯而已，因为过去的很多软件只允许三个字母的文件后缀。不过对于新的软件，使用 .html 完全没有问题，我们在示例中对二者并不加以区分。

2.2.1 HTML 基本语法

HTML 文件是由一系列标签和元素构成的，HTML 的标签是使用"<"和">"标记包围的关键词进行声明的。例如，示例 2-2 中的<html>与</ html >、< body >与</body>等。

【示例 2-2】 一个简单的 HTML 文档。

```
<html>
  <head>
    <title>一个简单的网页示例</title>
  </head>
  <body>
    <center>
      <h1>我的园地主页</h1>
      <br/>
      <hr/>
      <font size="7" color="red">
      这是我的第一个网页
      </font>
    </center>
  </body>
</html>
```

一般 HTML 的标签分为两种，一种是成对出现的标签，一种是单独出现的标签。成对出现的标签基本结构为：<标签名称>内容</标签名称>。开始标签标识一段内容的开始，而结束标签是与开始标签相对应的标签，例如，<html>表示 HTML 文件的开始，到</html>结束，<html></html>这一对标签和包含在它们之间的内容组成了一个 HTML 文件。在成对出现的标签中，所有的开始标签都必须有结束标签相对应。

单独出现的标签没有与之相对应的开始标签或者结束标签，基本格式为：</标签名称>或<标签名>。例如，示例 2-2 中的
标签表示换行，<hr/>表示横线。

HTML 元素指的是从开始标签到结束标签的所有代码。HTML 元素是构成 HTML 文件的基本对象，HTML 元素只是一个统称而已。元素一般包括标题、段落、换行符、预格式化、字符格式化、水平线、字体、图像、特殊字符、超级链接等，元素的构成示例见表 2-1。

表 2-1　　　　　　　　　　　　　HTML 元素的构成

开始标签	元素内容	结束标签
< h1>	我的园地主页	</ h1>
<font size="7" color="red">	这是我的第一个网页	</font>

从表 2-1 可以总结：首先，HTML 元素以开始标签起始，以结束标签终止，元素的内容是开始标签与结束标签之间的内容，这是 HTML 最基本的语法。其次，没有内容的元素为

空元素(empty content),如
标签,空元素一般在开始标签中结束,但也有些可以在结束标签中结束,或者不关闭,如<hr>标签,可以是<hr/>,但不能在结束标签中关闭,即</hr>。对于br元素,</br>与
标签的效果是等同的,为了书写规范,要养成良好的书写习惯,应对标签进行关闭,对于空标签应采用在结束标签中关闭。再次,大多数HTML元素可以通过属性来进行描述,如示例2-2中"<font size="7" color="red">这是我的第一个网页</font>"中的"size"、"color"是"font"元素的属性,用于设置字体大小、字体颜色。最后,正如HTML标签一样,HTML元素对大小写不敏感。

属性是为HTML元素提供各种附加信息的关键字,用于进一步改变显示的效果,属性要写在开始标签内,而且总是以"属性名=属性值"的形式出现,各属性之间无先后次序,属性是可选的,属性也可以省略而采用默认值。其格式如下:

<标记名字 属性1=值1 属性2=值2 属性3=值3 …>内容</标记名字>。

属性值可以不用加双引号,但是为了适应XHTML规则,提倡全部对属性值加双引号,如示例2-2中的"<font size="7" color="red">这是我的第一个网页</font>"。

大多数的HTML元素可以嵌套,就是一个HTML元素的内容可以包含其他元素或标签,如"center"元素中又嵌套了"<h1>"、"<font>"、"<hr>"和"
"标签。

2.2.2 HTML文件架构

所有的HTML文件都应该至少有一个<html></html>标签,在该标签内包含文档头(<head>)和文档体(<body>)两部分。在文档头里,对这个文档进行了一些必要的定义,文档体中才是网页要显示的各种文档信息。HTML文档基本结构分析如示例2-3所示。

【示例2-3】

```
<html>----------------------------------------文件开始标签
    <head>----------------------------------------文件头标签
        <title>一个简单的网页示例</title>------文件标题
    </head>
    <body>----------------------------------------文件主体
        <center>
            <h1>欢迎光临我的主页</h1>
            <br/>
            <hr/>
            <font size="7" color="red">
            这是我的第一个网页
            </font>
        </center>
    </body>
</html>----------------------------------------文件结束标签
```

<head></head>是HTML文档的头部标签,在浏览器窗口中,头部信息不会显示在网页的主要内容中,在此标签中可以插入其他标签,用以说明文件的标题和整个文件的一些公共属性。<title></title>是嵌套在<head>头部标签中的,标签之间的文本是文档标题,它被显示在浏览器窗口的标题栏。<head>标签中的子标签可以省略不写。

<body></body>标签不能省略，该标记之间的内容是网页的主要构成或是 HTML 文件的正文，上面的这几对标签在文档中都是唯一的，head 标签和 body 标签是嵌套在 html 标签中的，但它们两者是相互独立的，不能彼此嵌套。

2.3 HTML 常用标签

通过运用 HTML 不同元素及其属性可以使网页页面达到不同的显示效果，HTML 中有很多可用的标签，在这里不可能一一介绍，下面介绍一些常用的重要的标签及其用法。要了解 HTML 更多的内容可以登录维护 HTML 标准的组织的官方网站：http://www.w3school.com.cn/html/index.asp。对于常用的 HTML 元素，它们有一些全局属性，这些全局属性可用于任何 HTML 元素，表 2-2 列出了常用的 HTML 全局属性，在这里做统一介绍，而在后面分节介绍时不再重复。

表 2-2　　　　　　　　　　HTML 常用的全局属性

属　　性	描　　述
id	指定一个元素的唯一标识符
class	指定元素的一个或多个类名
style	指定用于该元素的 CSS 样式规则
title	为元素指定一个标题
dir	指定元素的文本内容的方向（从左到右或者从右到左）
hidden	是否隐藏元素的内容
lang	元素文本内容的自然语言

2.3.1　HTML 的主体<body>标签

在<body></body>标签中放置的是页面中所有的内容，如图片、文字、表格、表单、超链接等设置。设置<body>标签的属性，可控制整个页面的显示方式，其常用属性见表 2-3。

表 2-3　　　　　　　　　　<body>标签的常用属性

属　　性	描　　述
link	设定页面默认的链接颜色
alink	设定鼠标正在单击时的链接颜色
vlink	设定访问后链接文字的颜色
background	设定页面背景图像
bgcolor	设定页面背景颜色
leftmargin	设定页面的左边距
topmargin	设定页面的上边距
text	设定页面文字的颜色

【示例2-4】 设置<body>标签的属性控制页面显示，下列代码的显示效果如图2-3所示。

```
<html>
    <head>
        <title>body 的属性</title>
            <h1>这是一级标题</h1>
    </head>
    <body bgcolor="#CCFF99" text="red" alink="#FF00CC" vlink="#9900FF">
    <center>
        <h2>这是二级标题</h2>
        <a href=" http://www.w3school.com.cn/html/index.asp">点击前往 w3 school 官网</a>
    </center>
    </body>
</html>
```

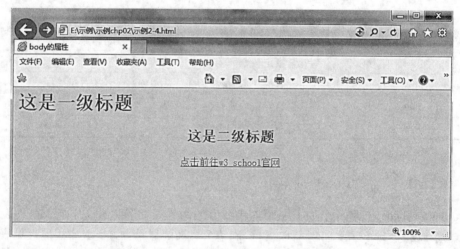

图2-3 <body>标签属性控制全局页面显示效果

说明：<body>标签的属性设定了页面的背景颜色为#CCFF99，文字的颜色为 red，包含的链接元素<a>的颜色为#CCFF00，单击的链接颜色为#FF00CC，单击过后的颜色为#9900FF。当然还可以对于其他属性进行设置，如背景图片等。在这里值得说明的是，HTML 中的颜色值可以有 3 种形式，对于简单的颜色可以直接使用颜色名称，如红色的用 red，绿色的用 green 等。第二种是通过 RGB 十六进制颜色代码赋值，在 HTML 中对颜色的定义是用十六进位的，对于三原色（红、绿、蓝）HTML 分别对于两个十六进制值进行组合定义，格式为：#RRGGBB，例如，bgcolor="#FF0000"表示红色。第三种是使用十进制 RGB 码赋值，格式为：RGB(r, g, b)，其中 r、g、b 的取值范围在 0～255 之间，例如，color="rgb(255, 0, 0)"表示红色。

2.3.2 段落控制标签

①标题标签<h1>—<h6>：标题标签是通过<h1>—<h6>定义的，<h1>标签定义最大的标题，<h6>定义最小的标题。一般标题标签嵌套于<head>内，每一个<h1>—<h6>标签元素不必通过换行标签就会单独成为一个段落，值得注意的是，应该避免为了显示不同大小的字体效果而在元素中嵌套标题标签。运行示例 2-5 文件，其效果如图 2-4 所示。

【示例 2-5】 在网页中显示不同级别的标题。
```
<html>
    <head>
        <title>不同标题显示效果</title>
        <h1>这是一级标题</h1><h2>这是二级标题</h2>
        <h3>这是三级标题</h3><h4>这是四级标题</h4>
        <h5>这是五级标题</h5><h6>这是六级标题</h6>
    </head>
    <body>
      <center>
        这是 body 正文
      </center>
    </body>
</html>
```

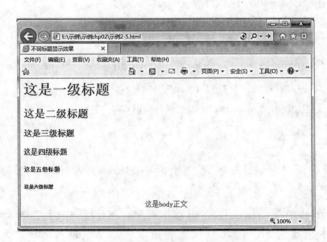

图 2-4　不同级别标题的显示效果

②段落标签<p>：由<p>标记所标识的文字，表明是同一个段落的文字。两个段落间的间距等于连续加了两个换行符，也就是要隔一行空白行。<p>标签主要可选属性 align，可以控制<p>元素是居中、靠左还是靠右。

③换行标签
：使用
标签在不产生一个新段落的情况下进行换行（新行），
是一个空的 HTML 元素，由于关闭标签没有任何意义，因此它没有结束标签。

④文本水平居中标签<center>：指定包含在<center></center>标签内的文字在屏幕中水

平居中显示。

⑤平行线标签<hr/>：是在 HTML 文档中加入一条水平线，其主要可选属性见表2-4。

表2-4 <hr>标签的常用属性

属性	描述
align	指定元素的对齐方式是居中(center)、靠左(left)还是靠右(right)
noshade	规定水平线的颜色呈现为纯色，而不是有阴影的颜色
width	指定水平线的宽度，一般用百分比表示
size	指定水平线的高度是多少像素

【示例2-6】 <p>、
和<hr/>标签在网页中的使用，运行下列代码，其效果如图2-5所示。

```
<html>
    <head>
        <title>段落控制</title>
    </head>
    <body>
        <p>这是第一段</p><p>这是第二段</p>
        本句使用 br 标签<br />，而没有使用 p 标签
        <p>这是第三段</p><hr/>
        <p>这是第四段</p>
        <hr/><hr/ align="center" size="5px" width="50%" noshade="noshade" >
        <center>这里是第一个 center 标签</center>
        <center>这里是第二个 center 标签</center>
    </body>
</html>
```

说明：通过图2-5可以看到3个标签在页面中的显示效果不同，即使<p>元素在 HTML 文件中在同一行编辑，<p>标签也会将每个元素中的内容自动识别为不同段落，同时，图2-4显示了3种段落控制标签的段前段后距效果。<hr/>中的"align="center""表示居中显示，"size="5px""为显示高度为5个像素且长度是屏幕的1/2，即"width="50%""，"noshade="noshade""表示无阴影效果。

2.3.3 文字格式控制标签

①粗体字标签<b>：指定<b>与</b>之间的文字以粗体方式显示。
②斜体字标签<i>：指定<i>与</i>之间的文字以斜体方式显示。
③下画线标签<u>：指定<u>与</u>之间的文字以加下线方式显示。
④强调标签<strong>：强调包含在<strong>与</strong>之间的文字，显示效果与<b>标签相似。

2.3 HTML常用标签

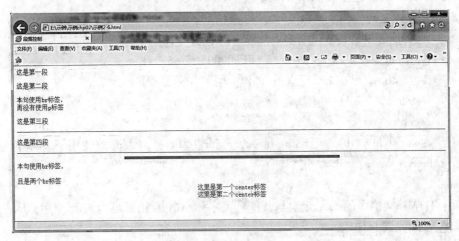

图 2-5 段落控制标签在浏览器中的显示效果

⑤占位标签<span>：表示在所显示内容前的一段空距离，里面也可以加文本占位，如果不通过 style 样式设置其样式(如显示方式 display，宽度 width 等)，它并不会在 HTML 文档中起作用，设置样式后只有和其后面的内容搭配使用才能显示其效果。

⑥文本格式标签<font>：指定包含于<font>与</font>文本的字体、字体尺寸、字体颜色。font 元素的常用属性见表 2-5。

表 2-5　　　　　　　　　　　　　　**font 元素的常用属性**

属性	描述
face	指定元素中文本的字体，默认值为宋体
color	指定元素内文本字体的颜色，默认值为黑色
size	指定元素内文本字体的大小，默认为3

【示例 2-7】 页面显示不同字体形式及文本格式，运行下列代码，其效果如图 2-6 所示。

```
<html>
    <head>
        <title>字体格式控制</title>
    </head>
    <body>
        <font face="微软雅黑" size="5" color="#FFCC00">
雪松是广受欢迎的装饰用树,在冬季温度不低于-25 摄氏度的温带地区广泛用作园林美化
        </font>
        <center>
            <b>这里使用了 b 标签</b> <br>
```

```
        <strong>这里使用了 strong 标签</strong> <br />
        <i>这里使用了 i 标签</i> <br>
        <u>这里使用了 u 标签</u><br>
        <font face="楷体" color="#FF0000" size="4">
            <b>这里在 font 元素中嵌套使用了 b 标签</b>
        </font>
    </center>
    <span style="display:inline-block;width:100px;"></span>使用了 span 标签
</body>
</html>
```

说明：HTML 文档中的 font 元素与其他有关字体格式的元素可以嵌套使用，font 的属性同样对其包含的元素起作用。

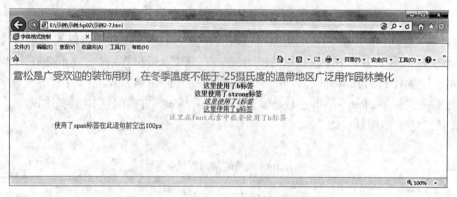

图 2-6　使用不同文字格式标签的页面效果

2.3.4　锚标签\<a\>

锚标签\<a\>即超链接标签，链接是 HTML 语言的一大特色，正因为有了链接，网站内容的浏览才能够具有灵活性和网络性。HTML 文档使用锚标签\<a\>来实现页面的超链接功能，超链接可以是一个字，一个词，或者一组词，也可以是图像、音频或动画。锚标签的常用属性见表 2-6。

表 2-6　锚标签的常用属性

属性	描述
href	指定链接目标页面的 URL 地址
name	指定锚的名称，可用于链接到同一页面的不同章节
target	定义从什么位置打开链接

【示例 2-8】　HTML 文档中使用文本创建链接，并在不同位置打开。
\<html\>

```html
    <head>
        <title>文本超链接</title>
    </head>
    <body>
    <a href="http://www.w3school.com.cn" target="_blank">
    这个文本指向 W3C 官网,并在 blank 位置打开
    </a><br/>
    <a href="http://www.w3school.com.cn" target="_parent">
    这个文本指向 W3C 官网,并在 parent 位置打开
    </a><br/>
    <a href="http://www.w3school.com.cn" target="_top">
    这个文本指向 W3C 官网,并在 top 位置打开
    </a><br/>
    <a href="http://www.w3school.com.cn" target="_self">
    这个文本指向 W3C 官网,并在 self 位置打开
    </a>
    </body>
</html>
```

说明：<a>元素的 href 属性是必须属性，只有对该属性赋值，其超链接及其他属性才有意义。target 属性特殊指向_blank 在一个新打开、未命名的窗口中载入目标链接文档。_self 将目标链接文档载入并显示在相同的框架或者窗口中，对所有没有指定目标的 <a> 标签是默认目标。_parent 将目标链接文档载入父窗口或者包含了超链接引用的框架，如果这个引用是在窗口或者顶级框架中，那么它与目标 _self 等效。_top 目标将会清除所有被包含的框架并将链接目标文档载入整个浏览器窗口。

【示例 2-9】 使用<a>标签的 target 属性将超链接文档定向到指定框架中。

在同一目录下新建 5 个 .html 扩展名文档，分别命名为"示例 2-9.html"、"target.html"、"chapter1.html"、"chapter2.html"、"chapter3.html"。运行示例 2-9.html 文件，其页面如图 2-7(a)所示，点击"Chapter 2"和"Chapter 3"超链接，显示效果分别如图 2-7(b)、2-7(c)所示。各文件代码分别如下：

示例 2-9.html 文件：

```html
<html>
    <head>
        <title>定向到指定框架的超链接</title>
    </head>
    <frameset cols="200,*">
        <frame src="target.html">
        <frame src="chapter1.html" name="new_frame">
    </frameset>
</html>
```

target.html 文件：

```
<html>
    <h3> Contents</h3>
    <ul>
        <li><a href="chapter1.html" target="new_frame">Chapter 1</a></li>
        <li><a href="chapter2.html" target="new_frame">Chapter 2</a></li>
        <li><a href="chapter3.html" target="new_frame">Chapter 3</a></li>
    </ul>
<html>
```

chapter1.html 文件：

```
<html>
    <body bgcolor="#CC99CC"">
        <h1>chapter one</h1>
    </body>
<html>
```

chapter2.html 文件

```
<html>
    <body bgcolor="#FFCC00">
        <h1>chapter tow</h1>
    </body>
<html>
```

chapter3.html 文件

```
<html>
    <body bgcolor="#CCFFCC">
        <h1>chapter three</h1>
    </body>
    <html>
```

运行示例 2-9.html 文件后，页面效果如图 2-7(a)所示，点击"Chapter 2"链接后页面效果如图 2-7(b)所示，点击"Chapter 3"链接后，页面效果如图 2-7(c)所示。

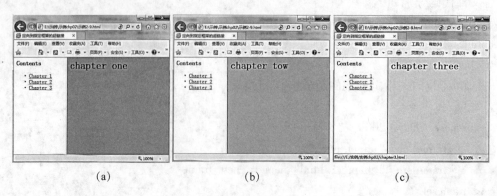

图 2-7 使用 target 属性将链接文档定向到指定框架

说明：示例2-9.html 文件利用<frameset>将页面分为两列，第1列即页面中的左侧框架占200px，剩余为第2列即页面中的右侧框架，并对第2列框架 frame 的 name 属性赋值为"new_frame"，第1列的 frame 的内容指向了 target.html 文件，第2列指向了 chapter1.html 文件，使得页面最初加载时候即在第2列显示 chapter1.html 的内容。在第1列中加载了 target.html 文件的内容，而该文件包含3个<a>标签的超链接，其 target 属性即链接目标打开的位置均为"new_frame"，即示例2-9.html 页面的右侧框架，因此，当点击左侧框架链接文本时，其对应文件页面的内容会加载到右侧框架中。

【**示例2-10**】 创建图片超链接，运行下列代码，初始页面如图2-8(a)所示。点击图片后页面如图2-8(b)所示：

```
<html>
    <head>
        <title>图片超链接</title>
    </head>
    <body>
        <center>
          <a href="http://www.w3school.com.cn"><img src="示例2-10.jpg" /></a>
        </center>
    </body>
</html>
```

图2-8　图片超链接

说明：图像的超链接与文本超链接差不多，就是将图片元素<img/>嵌套于<a>与</a>中间，并通过 src 属性设置图片路径即可。

【**示例2-11**】 创建同一页面不同位置的链接，运行下列代码初始页面如图2-9(a)所示，点击超链接后，页面如图2-9(b)所示。

```
<html>
    <head>
        <title>同一页面不同位置链接</title>
    </head>
    <body>
        <center>
```

```
            <a href="#p4">点击查看1.1.3节内容</a> <br/>
         <h2>1.1.1 小节</h2>
         <p>这是1.1.1小结内容</p>
         <h2>1.1.2 小节</h2>
         <p>这是1.1.2小结内容</p>
         <h2>1.1.3 小节</h2>
         <p><a name="p4">这是1.1.3小结内容</a></p>
      </center>
   </body>
</html>
```

图 2-9　利用<a>标签链接到同一页面的不同位置

说明：在同一页面设置目标文档<a>标签的 name 属性值后，然后通过设置 href 的属性值为目标文档的 name 值即可。

2.3.5　图像标签<img/>

HTML 网页中插入图片是通过单标签<img>来实现的，该标签并不是真正地把图像加入到 HTML 文档中，而是对其 src 属性赋值，这个值是图像文件的文件名，还包括其路径。如果要对插入的图片进行修饰，还要配合其他属性来完成，图像元素的常用属性见表 2-7。

表 2-7　　　　　　　　　　　　图像元素的常用属性

属性	描述
src	指定显示图像的 URL
alt	指定图片无法显示时的替代文字
align	指定图片相对于文字的水平对齐方式，可以取的值有 top(上对齐)，bottom(下对齐)，middle(中间对齐)，left(左对齐)，right(右对齐)
border	定义图片的边框
height	指定图片的高度，可以是像素值，也可以是百分比
width	指定图片的宽度，同样可以是像素值，也可以是百分比

【示例 2-12】 在 HTML 文档中显示计算机 E 盘 img 文件夹中的"Demo2-12.jpg"图像文件。

```
<html>
    <head>
        <title>图像标签</title>
    </head>
    <body>
        <img src="../img/Demo2_12.jpg" alt="樱花是蔷薇科樱桃属樱桃亚属的一种植物"
        a="middle" height=50% width=30% />
    </body>
</html>
```

说明：通常图像文件都会放在网站中一个独立的目录里。必须注意一点，src 属性在 <img>标志中是必须赋值的，是标志中不可缺少的一部分。如果想要图片产生超链接效果，将图像元素嵌套于<a>与</a>元素之间，并设置其链接地址即可。文件路径可以是相对路径也可以是绝对路径，但是一般使用相对路径，即相对于页面文件，也可以是网址。align 属性是相对于文字的水平位置，如果页面没有文字文档，就不能显示该属性的效果，也就不能用该属性设置图片相对于页面的位置。

2.3.6 列表相关标签

HTML 列表分为两类，一种是无序列表，另一种是有序列表，无序列表就是项目各条列之间并没有先后顺序关系，只是将资料按照条列形式组织起来，而有序条列就是指各条列之间是有次序关系的。

（1）无序列表

无序列表是通过无序列表标签<ul></ul>及列表项目标签<li></li>来实现的，默认情况下在每个项目列表前使用一定符号作为前缀，该符号可以通过无序列表的 type 属性来设置不同样式。示例 2-13 设置了 3 种不同的列表项目前缀，运行效果如图 2-10 所示。

【示例 2-13】 HTML 的不同类型无序列表。

```
<html>
    <head>
        <title>无序列表</title>
    </head>
    <body>
        <h3>乔木</h3>
        <ul type="disc">
            <li>雪松</li>
            <li>侧柏</li>
            <li>银杏</li>
        </ul>
        <h3>灌木</h3>
        <ul type="circle">
```

```
            <li>月季</li>
            <li>小檗</li>
            <li>女贞</li>
        </ul>
        <h3>草本</h3>
        <ul type="square">
            <li>高羊茅 </li>
            <li>麦冬</li>
            <li>三叶草</li>
        </ul>
    </body>
</html>
```

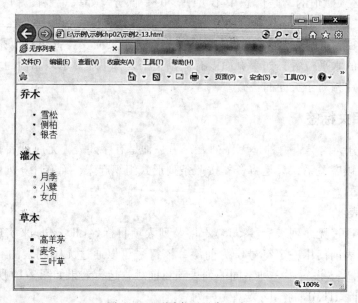

图 2-10　不同类型无序列表

说明：type 的属性值 disc 表示实心圆点，circle 表示空心圆点，square 表示实心方框。

无序列表标签可以嵌套使用，不仅<li></li>可以嵌套于<ul></ul>中，<ul></ul>也可以嵌套于列表项目标签中，如示例 2-14，嵌套的页面效果如图 2-11 所示。

【示例 2-14】　无序列表的嵌套。

```
<html>
    <head>
        <title>无序列表</title>
    </head>
    <body>
        <h3>乔木</h3>
        <ul type="disc">常绿
```

```
<ul>
    <li>雪松</li>
    <li>侧柏</li>
</ul style="list-style-type:none">落叶
<ul>
    <li>国槐</li>
    <li>梧桐</li>
</ul>
</ul>
<h3>灌木</h3>
    <li>观叶
        <ul type="circle">
            <li>小檗</li>
            <li>女贞</li>
        </ul>
    </li>
    <li>观花
        <ul type="circle">
            <li>月季</li>
            <li>含笑</li>
        </ul>
```

图 2-11　无序列表的嵌套

            </li>
        </body>
    </html>

无序列表的嵌套层次可以是任意的,但是一般不会超过 3 层。值得注意的是,如果要去掉列表项目的前缀,可以通过直接使用 style 属性进行<ul style="list-style-type：none">设置,也可以在 body 样式里加上 list-style：none 样式的定义与使用会在后面的章节中介绍。

(2) 有序列表

有序列表和无序列表格式相似,它是通过标签<ol></ol>和列表项目标签<li></li>实现的。<ol></ol>中的列表项目之间是有次序关系的,如果插入和删除一个列表项目,编号会自动调整。有序列表元素的常用属性是 type 和 start,type 指定有序列表前序号的类型,可选择类型为 1…, a…, A…, i…, I…, start 指定序号的起始值,start 属性值只能是正整数。有序列表也可以嵌套,方式与无序列表基本相同。

【示例 2-15】 有序列表的类型及嵌套。文件执行后的页面效果如图 2-12 所示。

    <html>
        <head>
            <title>有序列表</title>
        </head>
        <body>
            <h3>乔木</h3>
            <ol >常绿
                <ol type="1" start="1">
                <li>雪松</li>
                <li>侧柏</li>
                </ol >落叶
                <ol type="A" start="3">
                <li>国槐</li>
                <li>梧桐</li>
                </ol>
            </ol>
            <h3>灌木</h3>
            <li>观叶
                <ol type="a" start="1">
                    <li>小檗</li>
                    <li>女贞</li>
                </ol>
            </li>
            <li>观花
                <ol type="a" start="3">
                <li>月季</li>
                <li>含笑</li>

           </ol>
        </li>
     </body>
</html>

图 2-12　有序列表类型及嵌套

说明：有序列表的 type 属性和 start 属性如果不赋值，在默认情况下，type 类型为阿拉伯数字，start 取值为 1。

2.4　复习题

1. 如何判断网站页面是静态页面还是动态页面，它们各有什么特点？
2. 完整的 HTML 文档架构包含哪几个部分？
3. HTML 中关于颜色属性的设置有哪几种方法？

第3章 CSS层叠样式与页面布局

网页的样式与布局是一个网站展现给用户最基本的形式之一，良好的网站布局加上适当的网页样式会使网站更加友好与便捷。本章介绍使用CSS层叠样式表修饰网页的基本知识以及网站布局的主要方法。

本章重点：
- CSS层叠样式基本语法与使用；
- 网页布局的方法。

3.1 CSS基础

层叠样式表（Cascading Style Sheets，CSS），又称串样式列表、层次结构式样式表文件，一种用来为结构化文档（如HTML文档或XML应用）设置样式（字体、间距和颜色等）的计算机语言。CSS最重要的特点是将网页代码文件与网页显示样式分隔开来。这种特点的好处是使文件的可读性加强，文件的结构更加简单、灵活。CSS能够精确、统一地控制网页版面的文字、背景、字型等，这样可以使开发者对页面样式进行集中修改，大大节省了开发者的时间。另外，网页设计引入CSS后，由于CSS的高度结构化，从而减少了同一样式的代码重复，使文档压缩变小，提高了浏览和下载速度。

3.1.1 CSS基本语法

CSS是由多组"规则"组成，每个规则由3个部分构成：选择器（selector），属性（property）和属性的取值（value）。基本语法格式如下：

selector{property：value1；property：value2；property：value3；…}，即选择器{属性1：值1；属性1：值2；属性3：值3；…}

选择器：多个选择器可以半角逗号（,）隔开。

属性：CSS规定了许多的属性，目的在于控制选择器的样式。

值：指属性接受的设置值，有多个关键字时以空格隔开。属性和值之间用半角冒号（:）隔开，属性和值合称为"声明"。多个"声明"之间用半角分号";"隔开，最后用大括号"{}"括起来。

【示例3-1】 使用HTML属性设置网页样式。

使用HTML属性设置页面的背景颜色为"FFFF99"，页面中h1与h2标题居中，且字体颜色为"CC0066"，h3标题的对齐方式选择"默认"，且字体颜色为"FF00FF"。

```
<html>
    <head>
        <title>元素属性设置页面显示</title>
```

```
        </head>
        <body bgcolor="#FFFF99">
        <center>
        <h1><font color="#CC0066">This is heading 1</font></h1>
        <h2><font color="#CC0066">This is heading 2</font></h2>
        </center>
        <h3><font color="#FF00FF">This is heading 3</font></h3>
        </body>
</html>
```

以上页面显示效果如图 3-1 所示,改用 CSS 样式设置页面见示例 3-2,运行文件后的页面效果如图 3-1 所示。

【示例 3-2】 利用 CSS 完成示例 3-1 页面运行效果。

```
<html>
    <head>
        <title>CSS 设置页面显示</title>
        <style type="text/css">
                body{
                    background-color:#FFFF99;
                    }
                h1,h2{
                    color:#CC0066;
                    text-align:center;
                    }
                h3{
                    color:#FF00FF;
                    }
        </style>
    </head>
    <body>
        <h1>This is heading 1</h1>
        <h2>This is heading 2</h2>
        <h3>This is heading 3</h3>
    </body>
</html>
```

说明:CSS 样式必须放在 HTML 文档的头部,使用"<style type="text/css"></style>"来告诉浏览器,文本的类型是 CSS。值得注意的是,为了增强 CSS 文本的可读性,应该规范书写方式,每一个声明占用一行,并以半角分号";"相隔,即使是最后一个声明也应该在结尾加上分号。

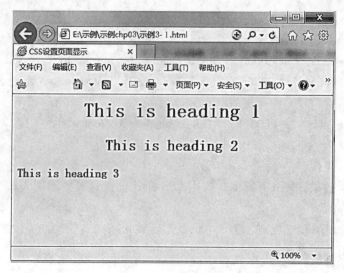

图 3-1　使用属性和 CSS 显示同一页面效果

3.1.2　CSS 选择器

CSS 选择器是一种模式，用于选择需要添加样式的元素，选择器可以是多种形式的，这里介绍 4 种最常用的 CSS 选择器。

（1）元素选择器

一个 HTML 页面由很多不同的元素组成，CSS 元素选择器用来声明哪些元素采用哪种 CSS 样式。因此，每一种 HTML 元素都可以作为 CSS 选择器的名称。图 3-2 表示一个典型的元素选择器的语法结构：该例子的效果是设置页面的主体背景色为红色，文本为 Arial 字体的样式。前文的示例 3-2 是一个用元素选择器设置样式的案例，这个案例中包含了元素选择器使用的基本要点，包括确定样式定义的位置，使用了选择器分组（h1，h2 为一组）。

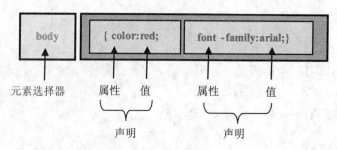

图 3-2　CSS 元素选择器语法结构简图

（2）类选择器

元素选择器在定义 CSS 样式后，文档中所有的应用该元素的文本均要遵守之前定义好的 CSS 样式，就如同示例 3-2 中对于 h1—h3 标题样式的声明，页面中所有的<h1>、<h2>元素都将显示为 CC0066 颜色，文本居中，而<h3>元素的显示颜色为 FF00FF，如果想要文档中某些<h1>不再遵守上述样式,那么就要使用类(class)选择器。通过类选择器可以在 CSS 文件中对相同的元素分别设定不同的规则。其语法结构如图 3-3 所示。

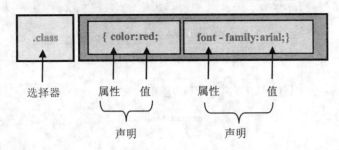

图 3-3　CSS 类选择器语法结构简图

图中 class 为类别选择器的名称,它可以由用户自定义,属性和值与元素选择器一样,也必须符合 CSS 规范。

【示例 3-3】　类选择器设置样式,页面显示效果如图 3-4 所示。

```
<html>
    <head>
        <title>类选择器 </title>
        <style type="text/css">
            body{
                background-color:#FFFF99;
            }
            .hFirst{
                color:#CC0066;
                text-align:center;
            }
            .hSecond{
                color:#FF00FF;
            }
        </style>
    </head>
    <body>
        <h1 class="hFirst">This is heading 1</h1>
        <h1 class="hSecond">This is heading 1</h1>
        <h3 class="hFirst">This is heading 3</h3>
    </body>
</html>
```

说明:类选择器在类名前加点". "来设定该类的声明,在 HTML 文档中调用该类样式时只需要指定元素的 class="类名"。

(3)ID 选择器

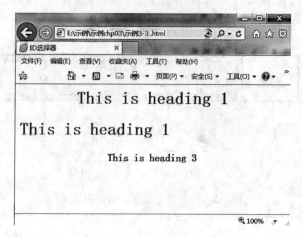

图 3-4 类选择器设置样式页面效果

ID 是元素的唯一标识，CSS 可以对不同 ID 的元素设置样式，这样针对性更强。ID 选择器的用法与类选择器基本相同，如图 3-5 所示。虽然在 CSS 中可以对 ID 选择器的样式重复使用，但由于在 ASP.NET 网页中 ID 具有唯一性，因此一个 ID 选择器建议只使用一次，以避免造成冲突或错误。示例 3-4 是一个利用 ID 选择器设置具有不同 ID 的<p>元素样式。

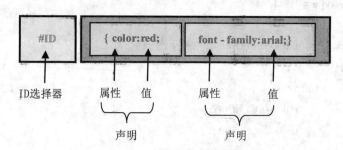

图 3-5 CSS 的 ID 选择器语法结构简图

【示例 3-4】 使用 ID 选择器设置同一元素不同样式，页面显示效果如图 3-6 所示。
```
<html>
    <head>
        <title>CSS 设置页面显示</title>
        <style type="text/css">
            body{
                background-color:#FFFF99;
            }
            #top{
                color:#CC0066;
                text-align:center;
                font-weight:bold;
```

```
              font-size:25;
                  }
         #end{
              color:#FF00FF;
                  }
        </style>
    </head>
    <body>
         <p id="top">这是论文题目</p>
         <p id="mid">这里是论文正文</p>
         <p id="end">作者签名:</p>
    </body>
</html>
```

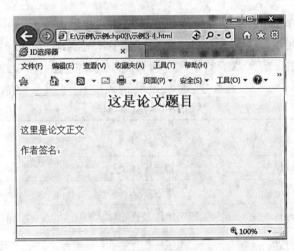

图 3-6　ID 选择器设置样式页面效果

说明：ID 选择器在 ID 名称前面要加"#"号，示例 3-4 中对具有不同 ID 属性的<p>元素分别设置了样式，例如，对于 id="top"的<p>元素，设置文本居中、加粗、字号为 25 以及颜色为 CC0066。

(4) 伪类选择器

所谓伪类选择器，是指并不是针对真正的类选择器，而是针对 CSS 中已经定义好的伪元素使用的选择器，它与类选择器的区别是选择器名称不能自定义，CSS 中的很多特效可以利用伪类选择器来实现。伪类选择器的语法结构为：

选择器：伪元素{属性：值}

例如：a:link{color:#FF0000;text-align:center}

伪类选择器也可以与类配合使用，使用方法如下：

选择器.类名：伪元素{属性：值}

例如：a.n1{color:#FF0000;text-align:center}

在 CSS 中，有 first-line 、first-letter 、first-children、before 、after 等多个伪类，但是最常

用的是锚<a>的伪类，锚伪类有 4 种，分别为：

　　a：link ｛property：value｝　　——用于设置未被访问的链接样式；
　　a：visited ｛property：value｝　——用于设置已访问过的链接样式；
　　a：hover ｛property：value｝　　——用于设置鼠标悬浮于链接上时的样式；
　　a：active ｛property：value｝　　——用于设置鼠标点击链接时的样式。

也可以用 HTML 的 class 属性来设定伪类。例句如下：

　　a.c1：link ｛property：value｝　　——用于设置未被访问的链接样式；
　　a.c1：visited ｛property：value｝　——用于设置已访问过的链接样式；
　　a.c1：hover ｛property：value｝　　——用于设置鼠标悬浮于链接上时的样式；
　　a.c1：active ｛property：value｝　　——用于设置鼠标点击链接时的样式。

CSS 在定义锚伪类时同时规定了其优先级，即在写锚伪类选择器时一定按照 a：link，a：visited，a：hover，a：actived 的顺序书写。

3.1.3　CSS 属性

CSS 样式对页面的设置效果是综合运用各种属性的结果，在 CSS 中有很多属性，这里就不一一介绍，表 3-1 列出了 CSS 中常用的属性，对于其他属性，可以参照专门的 CSS 样式书籍来学习。属性的使用在前文章节的示例中均有所涉及，这里不再赘述。

表 3-1　　　　　　　　　　　　CSS 样式的常用属性

属性名称		属性含义	属性值
字体相关属性	font-family	指定字体类型	所有字体
	font-style	指定字体风格	normal、Italic、oblique
	font-variant	指定字体是否小体大写	normal、small-caps
	font-weight	指定是否粗体	normal、bold、bolder
	font-size	指定字号	大小值（px）或相对于默认值的百分比等
边距属性	margin/margin-top/right/bottom/left	指定外边距/顶端/右侧/底边/左侧边距	自动、长度（px）值或百分比
边界属性	border-color	指定边框颜色，指定一种表示 4 边框为一种颜色，否则按照上右下左的顺序分别指定边框颜色	RGB 值或颜色名称
	border-style	指定边框样式	none｜dotted｜dash｜solid｜double
	border-width	一次性设置边框宽度	Thin｜medium｜thick 或像素值
	border-top/right/bottom/left-width	指定顶端/右侧/底边/左侧边框宽度	Thin｜medium｜thick 或像素值

续表

	属性名称	属性含义	属性值
颜色和背景属性	color	指定前景色	RGB 值或颜色名称
	background-color	指定背景颜色	RGB 值或颜色名称
	background-image	指定背景图像	图像的 URL
	background-repeat	指定背景图像的显示方式需要与 background-image 以及 background-position 组合使用	no-repeat ｜ repeat ｜ repeat-x ｜ repeat-y
	background-attachment	指定背景图像是否与对象一起滚动	scroll ｜ fixed
	background-position	指定背景图像的初始位置	vertical/horizontal(top ｜ bottom ｜ center 或像素值或百分比)
文本属性	text-align	指定文本的对齐方式	Left ｜ right ｜ center ｜ justify
	text-indent	指定首行缩进方式	长度(px)或百分比
填充属性	Padding-top/right/bottom/left	指定顶端/右侧/底部/左侧的填充距离	长度(px)或百分比

3.2 使用 CSS

前面介绍了 CSS 样式的基本语法以及属性，那么如何将 CSS 样式用到网页中去呢？这里介绍 4 种常用的 CSS 应用方式。

(1) 内部嵌入式

内部嵌入式是将 CSS 样式集中写在网页的头部的<style></style>标签对中，上述关于 CSS 的实例中均是采用这种方式。

(2) 外部导入式

外部导入式是指将一个 *.css 文件导入到所需要的网页中，导入的位置为<head><style>…</style></head>之间，导入时用@import 关键字，如下列代码：

```
<html>
    …
    <head>
        …
        <style type="text/css">
            @import"costomstyle.css";
        </style>
        …
```

```
        </head>
        <body>
            ...
        </body>
</html>
```
上述代码中表示导入了一个名为 costomstyle.css 的样式文件。

(3) 外部链接式

与外部导入式类似,是将一个 *.css 文件通过<link>标签与需要的网页链接,导入的位置为<head></head>标签之间,<link>属性可以按照以下方式设置,如下列代码:

```
<html>
    ...
    <head>
        ...
            <link rel="stylesheet" type="text/css" href=" costomstyle.css">;
            ...
    </head>
    <body>
        ...
    </body>
</html>
```

上述代码中 rel="stylesheet" 是指当前页面与 href 所指定页面之间的关系,type="text/css" 指定文件的类型是样式表文本,href=" costomstyle.css" 则表示链接 CSS 文件的路径。

外部导入和外部链接这两种引用外部样式的方式作用几乎是一样的,但二者还是有一些细微的差别。第一,link 链接的 CSS 是客户端浏览网页时先将外部的 CSS 文件加载到网页当中,然后再进行编译显示,所以这种情况下显示出来的网页跟我们预期的效果一样,即使网速再慢也是一样的效果。而使用@import 导入的 CSS 客户端在浏览网页时是先将 html 的结构呈现出来,再把外部的 CSS 文件加载到网页当中,当然最终的效果也是跟前者是一样的,但是当网速较慢时会先显示没有 CSS 统一布局时的 html 网页。第二,导入样式可以避免过多页面指向一个 CSS 文件。第三,链接样式表是符合 html 标签的。第四,链接样式表中不能再引入其他样式,而导入样式表中还可以导入其他的样式表。

(4) 行内样式表

行内样式表是利用 HTML 标签中的 style 属性,设置不同元素的样式,style 的内容就是 CSS 样式,如下列代码:

```
<html>
    <head>
        <title>行内样式表</title>
    </head>
    <body style="bgcolor:#FF0000;text-align:center;">
        这个页面是红色的,且文本居中
    </body>
```

</html>

行内样式不能体现 CSS 样式的优势,因此,不建议采用这种 CSS 样式引入方式。

3.3 页面布局

为了使网页具有清晰的视觉层次,便于浏览和阅读,对网页布局的设计就像报纸那样进行格式化分栏和排版设计是很有必要的。所有元素所在的页面可以看成一个盒子,页面中的元素占据着一定的页面空间,它们的位置排列方式综合构成了页面布局样式,通过调节盒子的边框和距离等参数来调节盒子的位置。一个盒子模型由 content(内容)、border(边框)、padding(内边距)、margin(外边距)这 4 个部分组成,如图 3-7 所示。

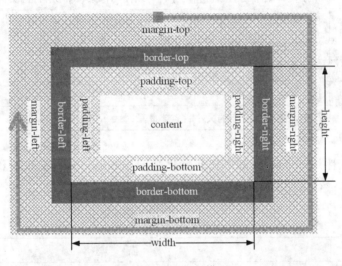

图 3-7 页面盒子模型

下面分别介绍几种页面布局方式。

3.3.1 框架与网页布局

在网页中,一个网页可以显示多个页面,此时可以使用框架。使用框架可以进行页面布局,把网页划分为几个区域。框架的基本结构主要分为框架和框架集两个部分,它们是利用 <frame> 和 <frameset> 标签来定义的。其中,前者用于定义框架,而后者用于定义框架集,框架集是由若干框架构成的。在使用框架的页面中,<body> 主体标记被框架标记 <frameset> 所代替,其语法格式如下:

```
<html>
    <head>
        <title></title>
    </head>
    <frameset>
        <frame src="url 1">
```

```
        <frame src = " url 2 " >
        ……
    <frameset>
</html>
```

<frame> 标签定义 frameset 中的一个特定的框架，frameset 中的每个框架都可以设置不同的属性，如 border、scrolling、noresize、等等，frameset 与 frame 的常用属性见表 3-2 与表 3-3。

表 3-2　　　　　　　　　　　　　**frameset 的常用属性**

属性	描述
cols	指定框架集中列的数目和尺寸，可以使用像素（px）或百分比，*表示剩余部分
rows	指定框架集中行的数目和尺寸，可以使用像素（px）或百分比，*表示剩余部分
border	设置边框粗细，默认是 5 像素
bordercolor	设置边框颜色
frameborder	指定是否显示边框："0"代表不显示边框，"1"代表显示边框
noresize	指定无法调整框架的大小，省略此项时表示可以调整（默认）

rows 和 cols 属性是<frameset>的必选属性之一，要么是 rows，要么是 cols，属性值的数目决定了浏览器将会在文档窗口中显示多少行或列的框架。

表 3-3　　　　　　　　　　　　　**frame 的常用属性**

属性	描述
align	框架的对齐方式，可选值为 left、right、top、middle、bottom
bordercolor	指定边框的颜色
frameborder	指定是否显示框架周围的边框，"1"为显示，"0"为不显示
longdesc	指定一个包含有关框架内容的长描述的页面
marginheight	指定框架的上方和下方的边距
marginwidth	指定框架的左侧和右侧的边距
name	指定框架的名称
noresize	指定无法调整框架的大小，省略此项时表示可以调整（默认）
scrolling	指定是否在框架中显示滚动条，auto 表示根据需要自动出现，"Yes"表示滚动，"No"表示不滚动
src	指定在框架中加载文件的 URL

如果在窗口中要做链接，首先就要对每一个子窗口的 name 属性赋值，以便用于窗口间的链接，然后设置 targe 属性的链接地址，用这个属性就可以将被链接的内容放置到想要放置的窗口内。

【示例 3-5】 利用框架设计页面布局为图 3-8 所示的布局样式。

```
<html>
    <head>
        <title>框架页面布局</title>
    </head>
    <frameset rows="25%,60%,*" noresize="noresize">
        <frame id="top" style="background-color:green" noresize="noresize">
        <frameset cols="30%,50%,*" noresize="noresize">
            <frame id="midleft" noresize="noresize">
                <frameset rows="30%,*" noresize="noresize">
                    <frame id="midr1" noresize="noresize">
                    <frame id="midr2" noresize="noresize">
                </frameset>
            <frame id="midright" noresize="noresize">
        </frameset>
        <frame id="btom" noresize="noresize">
    <frameset>
</html>
```

图 3-8 框架布局样式示意图

说明：从示例 3-5 中可以看出，框架与框架集之间是可以嵌套使用的，如果想要对布局中的每一个 frame 框架设置背景颜色，就要通过 frame 所链接文件的 body 的背景颜色进行样式修改。虽然利用框架和框架集可以对页面进行一定的布局，但是对于样式设置与维护都是比较麻烦的，因此，这种方式现在使用得较少，只能用作简单的页面布局。

3.3.2 表格与网页布局

表格在网站应用中非常广泛，可以方便灵活地进行页面布局设计，很多动态网站或多或少都有借助表格布局，表格可以把相互关联的信息元素集中定位，使浏览页面一目了然。

（1）表格的定义

HTML 的表格由 <table>元素以及一个或多个<tr>、<th>或<td>元素组成的，其中<tr>元素定义表格行，<th>元素定义表头，<td>元素定义表格单元，还可以通过<caption>元素定义表格的标题。<th>和<td>标签都要定义在<tr></tr>标签内。更复杂的 HTML 表格也可能包括<col>、<colgroup>、<thead>、<tfoot>以及<tbody>元素。示例3-6 定义了一个 2 行 2 列的表格。

【示例 3-6】 定义一个 2 行 2 列表格。
```
<html>
    <head>
        <title>2 行 2 列的表格</title>
    </head>
    <body>
        <table>
            <tr>
               <td>第一行第一列</td>
               <td>第一行第二列</td>
            </tr>
            <tr>
               <td>第二行第一列</td>
               <td>第二行第二列</td>
            </tr>
        </table>
    </body>
</html>
```

运行上述代码后发现默认情况下，表格并不显示边框，如果需要表格显示边框或者设置其样式，那么就要通过其属性进行样式设置。

（2）表格的属性

<table>元素的常用属性见表 3-4。

表 3-4   <table>元素的常用属性

属性	描述
align	指定表格的对齐方式，left 左对齐，center 居中，right 右对齐
bgcolor	指定表格的背景颜色，可以用 RGB 十六进制值表示，也可以用名称表示
border	指定表格边框的宽度，用像素值表示（px）
cellpadding	指定单元边沿与其内容之间的空白，可以用像素值表示，也可以用百分比表示
cellspacing	指定单元格之间的空白，可以用像素值表示，也可以用百分比表示
frame	指定外侧边框的哪个部分是可见的，void 表示外侧边框不可见，above 显示上部外侧边框，below 显示下部外侧边框，hsides 显示上下的外侧边框，vsides 显示左右的外侧边框，lhs 显示左侧外侧边框，rhs 显示右侧外侧边框，box 显示最外侧的 4 个边框，border 显示最外侧的 4 个边框

续表

属性	描述
rules	指定表格内部分割线的哪个部分是可见的，none 不显示内分割线，group 显示组与组之间的分割线，rows 显示行间的分割线，cols 显示列间的分割线，all 显示所有分割线
width	指定表格的宽度，可以用像素值，也可以用百分比

表格是由行和列（单元格）组成的，一个表格由几行组成就要有几个行标签<tr>，行元素用它的属性值来修饰，常用行元素属性见表3-5。

表3-5　　　　　　　　　　　　　　行元素的常见属性

属性	描述
align	指定表格行的内容对齐方式，right 靠右，left 靠左，center 居中，justify 行的拉伸对齐，char 对齐到某个字符
bgcolor	指定行的背景颜色，可以用 RGB 十六进制值表示，也可以用名称表示
height	指定行高，一般用像素值表示
valign	指定表格行中内容的垂直对齐方式，top 顶部对齐，middle 居中（默认），bottom 底部对齐，baseline 对齐到基线

单元格标签包括<th>和<td>，它们必须嵌套在<tr>标签内成对出现，<th>用于表头标签，表头标签一般位于首行或首列，标签之间的内容就是位于该单元格内的标题内容，其中的文字以粗体居中显示。数据标签<td>就是该单元格中的具体数据内容，它们的属性也是一样的，表3-6列出了单元格的常用属性，这里省略了与行相同的属性，如 align，bgcolor 等。

表3-6　　　　　　　　　　　　　　单元格的常用属性

属性	描述
colspan	指定单元格向右可横跨的列数，数值表示
background	指定表格单元格背景图片
nowrap	指定单元格中的内容是否折行
rowspan	指定单元格向下可跨的行数，像素值或者百分比表示
width/height	指定表格单元格的宽度/高度，像素值或者百分比

(3) 表格布局

利用表格布局主要是通过对表格跨多行、多列控制以及表格的嵌套实现的。创建跨多行、多列的单元格，只需在<td>中加入 rowspan 或 colspan 属性的属性值，默认值为1。表明了表格中要跨越的行或列的个数。图 3-8 页面布局简图可以看作一个 4 行 3 列的表格，在最顶部跨越了 3 列，左侧边栏跨越了 2 行。

利用表格对网页进行样式修饰的时候，表格属性往往使用 CSS 来定义。示例 3-7 中的代码使用 CSS 与表格配合完成图 3-9 的页面布局与样式设置。

【示例 3-7】 使用 CSS 与 table，按照图 3-9 的页面示意图和样式对页面进行布局，运行效果如图 3-10 所示。

```
<html>
  <head>
    <title></title>
    <style type="text/css">
      table{
        width:600px;
        margin-top:0px;
        margin-right:auto;
        margin-bottom:0px;
        margin-left:auto;
      }
      td{
        height:40px;
        background-color:"yellow";
      }
      #top{
        background-color:"00FF66";
      }
      #left{
        background-color:"blue";
      }
      #right{
        background-color:"orange";
      }
      #mid{
        background-image:url(bkgroundimg.jpg);
      }
      #botm{
        background-color:red;
        text-align:right;
      }
    </style>
  </head>
  <body>
    <table frame="box" rules="all">
      <tr align="center">
```

```
            <td id="top" colspan="3">绿色</td>
        </tr>
        <tr align="center">
            <td id="left" rowspan="2"> 蓝色 </td>
              <td> 黄色   </td>
            <td id="right" rowspan="2"> 橘色</td>
        </tr>
        <tr align="center">
            <td id="mid"> 背景图片 </td>
        </tr>
        <tr align="center">
            <td id="botm" colspan="3">红色</td>
        </tr>
    </table>
  </body>
</html>
```

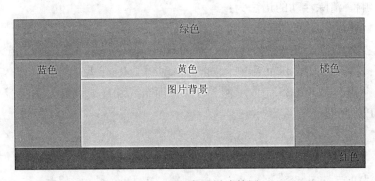

图 3-9　页面布局样式简图

说明：上述例子中的 CSS 样式也可以单独以 CSS 文件的形式用链接的方式引入到页面文件中，这里为了方便阅读采用内部嵌入式 CSS 样式。

3.3.3　DIV 与 CSS 结合的页面布局

<div> 是一个块级元素，定义文档中的分区或节，浏览器通常会在<div>元素前后放置一个换行符。<div> 标签可以把文档分割为独立的、不同的部分。它可以用作严格的组织工具，并且不使用任何格式与其关联。可以使用样式对<div>进行样式修饰，可以对同一个<div>元素应用 class 或 id 属性，但是更常见的情况是只应用其中一种。这两者的主要差异是，class 用于元素组（类似的元素，或者可以理解为某一类元素），而 id 用于标识单独的唯一的元素。<div>可以层层嵌套，布局灵活，它与 CSS 配合使用的页面布局方式是目前使用最多的方式，真正实现了表现代码页分离，代码可读性较强，样式可重复利用。

float 定位：float 定位是 CSS 排版中非常重要的手段，它的值可以设置为 left、right 或是默认值 none。在默认情况下，<div>的盒子模型是块级元素，它的宽度撑满整个父块，同一

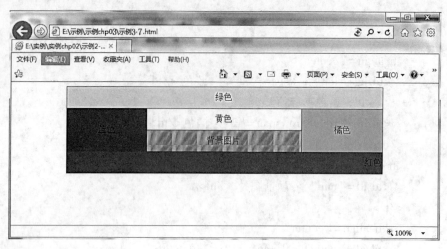

图 3-10 CSS 与 table 设置页面布局运行效果图

横向上只能有一个盒子,在设置了 float 后,盒子模型是行内元素,它的宽度(高度)仅仅为它的内容本身(宽高度的值是可设定的),且元素会向其父元素的左侧或右侧靠紧。但是两个相邻的盒子的排版位置,会因为 float(浮动)而产生变化,并相互影响。因此,要注意清除浮动,消除影响。清除浮动的语法为:

clear:left:清除 float 对左侧的影响,如<div style="clear:left"></div>

clear:right:清除 float 对右侧的影响,如<div style="clear:right"></div>

clear:both:清除两段的 float 影响,如<div style="clear:both"></div>

【示例 3-8】 用 DIV 与 CSS 完成示例 3-7 的页面布局和样式设置。

```
<!DOCTYPE html>
<html>
  <head>
    <style type="text/css">
      div{
        margin-left:auto;
        margin-right:auto;
        text-align:center;}
      div#container{
        width:700px;}
      div#header{
        width:700px;
        height:100px;
        background-color:#00FF66;}
      div#center{
        width:460px;
        height:200px;
        float:left;}
```

```css
div#menu{
    width:120px;
    height:200px;
    background-color:blue;
    float:left;}
div#center1{
    width:460px;
    height:100px;
    background-color:yellow;
    float:left;}
div#center3{
    width: 460px;
    height: 100px;
    background-image:url(bkgroundimg.JPG);
    float: left;}
div#right{
    width:120px;
    height:200px;
    background-color:orange;
    float: left;}
div#footer{
    width:700px;
    height:100px;
    background-color:red;
    clear:both;}
    </style>
  </head>
  <body class="container">
    <div id="container">
        <div id="header"><p>绿色</p></div>
        <div id="menu"><p>蓝色</p></div>
        <div id="center">
            <div id="center1"><p>黄色</p></div>
            <div id="center3"><P>背景图片</p></div>
        </div>
        <div id="right"><p>橘色</p></div>
        <div id="footer"><p>红色</p></div>
    </div>
  </body>
</html>
```

以上介绍了页面布局的几种方式，但是在实际网站开发中，页面布局往往是一种或者多种布局方式相结合的结果，因此要根据开发需求进行设计，例如，在<div>中可以嵌套表格，框架中可以嵌套<div>等。页面布局涉及了 HTML、CSS 等诸多知识点，感兴趣的读者可以通过专门的书籍深入学习。

3.4 复习题

1. CSS 常用的选择器有哪些？它们的语法结构分别是什么？
2. 如何将 CSS 文件引入到网页文件中去？各种方式有何优缺点？
3. 网页布局方式有哪些？它们之间有何区别？

第4章 ASP.NET 标准服务器控件

ASP.NET 服务器控件是服务器端解析的控件，它封装了用户界面及其相关的功能，页面加载的时候，服务器首先会根据用户浏览器的版本生成适合浏览器的 HTML 文本，然后再发回给客户端的浏览器，这里的页面文件不仅包含之前介绍的各种 HTML 元素，更包含了许多复杂的行为，如日历控件和管理数据连接的控件。在创建 ASP.NET 网页时会经常使用到这些控件，因此，掌握这些控件的使用方法对于 ASP.NET 网站的开发是非常关键的。

本章重点：
- ASP.NET 标准服务器控件的常用属性；
- ASP.NET 标准服务器控件的主要事件与方法。

4.1 ASP.NET Web 服务器控件的基本属性和行为

4.1.1 ASP.NET Web 服务器控件与 HTML 控件的区别

HTML 服务器控件是一种对服务器公开的 HTML 元素，可以直接将控件所呈现的 HTML 元素映射到相应的浏览器上。HTML 服务器控件可以看作是在 HTML 元素（控件）的基础上加上 runat="server" 所构成的控件，注意它们的区别是运行方式不同，前者运行在客户端，而后者是运行在服务器端的。ASP.NET 网页执行时，会检查标注有无 runat="server" 属性，以此来判断控件是客户端控件还是服务器端控件，例如：

<input type="button" id="btn" value="button"/>   //HTML 控件

<input id="Button" type="button" value="button" runat="server" />   //HTML 服务器控件

ASP.NET Web 服务器控件不必一对一地映射到 HTML 服务器控件，而是定义为抽象控件，在抽象控件中，控件所呈现的实际标记与编程所使用的模型可能截然不同。它会按照客户端的情况产生一个或者多个 HTML 控件，而不是直接描述 HTML 元素。例如：

<asp：Button ID="Mybutton" runat="server" Text="确定"/>

ASP.NET Web 服务器控件与 HTML 服务器控件的区别可以总结为：

①HTML 服务器控件与 HTML 标签存在一一对应的映射关系。runat="server" 属性把传统的 HTML 标签转换成服务器控件。Web 服务器控件不直接映射到 HTML 标签，这使得开发人员可以使用第三方的控件。

②HTML 服务器控件不能根据浏览器的不同，调整所输出 HTML 文档的显示效果，Web 服务器控件隐藏客户端，能够自动根据浏览器的不同，调整所输出 HTML 文档的显示效果，而不用考虑浏览器的类型。

③在事件处理方式上，HTML 服务器控件的事件处理都是在客户端的页面上，而 ASP.NET 服务器控件则是在服务器上，也就是说 HTML 服务器控件的事件是由页面来触发

的，而 ASP.NET 服务器控件则是由页面把请求发回到服务器端，由服务器来处理，处理完毕后再发回给浏览器。

④ASP.NET 服务器控件可以保存状态到 ViewState 里，这样，页面在从客户端回传到服务器端或者从服务器端下载到客户端的过程中都可以保存。

4.1.2 ASP.NET Web 服务器控件的基本属性

ASP.NET Web 服务器控件位于 System.Web.UI.WebControls 命名空间中。所有 Web 服务器控件都是从 WebControls 派生出来的。很多 Web 服务器控件所输出的客户端代码很复杂。Web 控件的标记有特定的格式：以"<asp:"开始，后面跟相应控件的类型名，最后以"/>"结束，在其间可以设置各种属性。服务器控件的基类 WebControl 定义了一些可以应用于几乎所有的服务器控件的共同基本属性和方法。常用的 Web 服务器控件基本属性见表 4-1。

表 4-1 Web 服务器控件的基本属性

属性	描述
BackColor	获取或设置 Web 服务器控件的背景色
BorderColor	获取或设置 Web 服务器控件的边框颜色
BorderStyle	获取或设置 Web 服务器控件的边框样式，包括 Notset 默认值，None 没有边框，Dotted 边框为小点构成的虚线，Dashed 较大点构成的虚线，Solid 实线，Double 边框为实线，但高度是 Solid 的 2 倍，Inset 控件呈陷入状等属性值
BorderWidth	获取或设置 Web 服务器控件的边框宽度
CssClass	获取或指定由 Web 服务器控件在客户端呈现的级联样式表(CSS)类
Enabled	获取或设置控件是否为可用状态，默认为 True
EnableTheming	获取或设置一个值，该值指示是否对此控件应用主题
Font-Bold	获取或设置字体是否为粗体，默认为 False
Font-Italic	获取或设置字体是否为斜体，默认为 False
Font-Names	获取或设置字体类型
Font-Size	获取或设置字体大小
Font-Strikeout	获取或设置字体删除线，默认为 False
Font-Underline	获取或设置文本下画线，默认为 False
ForeColor	获取或设置 Web 服务器控件的前景色(通常是文本颜色)
Height	获取或设置 Web 服务器控件的高度
ID	获取或设置分配给服务器控件的编程标识符
SkinID	设置要应用于控件的外观
Visible	获取或设置服务器控件是否可见，默认为 True
Width	获取或设置 Web 服务器控件的宽度

【示例4-1】 创建一个新的网站应用程序,分别在页面放置2个Button控件,2个Label控件和2个TextBox控件,分别设置它们不同的外观样式。

①启动Visual Studio 2010,新建ASP.NET Web应用程序,项目与解决方案命名都为"示例chap04"后,添加新的窗体,并命名为"示例4-1.aspx"。在页面文件的表单标签<form></form>之间编写如下代码:

```
<div>
    <asp:Button ID="Button1" runat="server" Text="按钮控件1" BackColor="Aqua"
    Font-Bold="true" BorderStyle="Inset" ForeColor="Red" />
    <asp:Button ID="Button2" runat="server" Text="按钮控件2" BackColor="#FFCC00"
    BorderStyle="Dotted" Font-Size="X-Large" Width="180" Font-Italic="true"
    /><br/><br/>
    <asp:Label ID="Label1" runat="server" Text="标签控件1" BackColor="#FF00CC"
    Font-Names="微软雅黑" Font-Underline="true" ForeColor="#CC00FF" ></asp:Label>
    <asp:Label ID="Label2" runat="server" Text="标签控件2" BackColor="#CC33FF"
    Font-Names="隶书" ForeColor="White" ></asp:Label><br/><br/>
    <asp:TextBox ID="TextBox1" runat="server" Text="文本框控件1" BackColor="AliceBlue"
    BorderStyle="Outset" Font-Bold="true" Font-Size="X-Large" ForeColor=
    "Red" ></asp:TextBox>
    <asp:TextBox ID="TextBox2" runat="server" Text="文本框控件2" BackColor="Blue"
    BorderStyle="Dashed" Font-Size="X-Small" ForeColor="Yellow" Height="30px"
    ToolTip="文本框" ></asp:TextBox>
</div>
```

②右键单击该文件,选择"在浏览器中查看"命令,文件运行页面效果如图4-1所示,在这里显示了同一种控件不同的外观样式。

4.1.3 ASP.NET Web服务器控件的事件

ASP.NET服务器控件有一个重要特性就是允许开发者与客户端应用程序中类似的、基于事件的模型来对网页进行编程。例如,可以向ASP.NET网页中添加一个按钮,然后为该按钮的单击事件编写事件处理逻辑。当用户点击按钮的时候就会触发该按钮的单击事件,服务器就会按照事前编写好的逻辑对用户的行为做出响应。

与传统的客户端窗体中的事件或基于客户端的Web应用程序中的事件相比,ASP.NET服务器控件引发的事件的工作方式稍有不同。导致差异的主要原因一方面在于事件本身与处理该事件的位置的分离。在基于客户端的应用程序中,在客户端引发和处

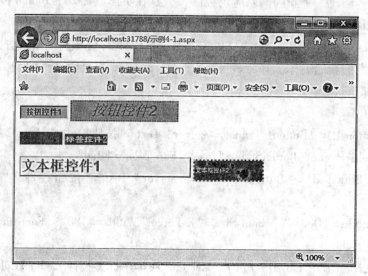

图 4-1　运行页面效果

理事件。另一方面，在 Web 窗体页中，与服务器控件关联的事件在客户端引发，但由 ASP.NET 页面框架在 Web 服务器上处理。对于在客户端引发的事件，Web 窗体控件事件模型要求在客户端捕获事件信息，并且通过 HTTP 发送，将事件消息传输到服务器，框架必须解释该发送以确定所发生的事件，然后在要处理该事件的服务器上调用代码中的适当方法，然后做出响应。

基于上述事件模型，Web 服务器控件的这些事件可能会影响页面的性能。因此，服务器控件仅为开发者提供有限的一组事件，通常仅限于 Click 类型事件。一些服务器控件支持选择项发生变化的事件，如 DropDownlist 的 SelectedIndexChange 事件，再如 TextBox 焦点变化引起的事件 TextChanged。一些服务器控件支持更抽象的事件。例如，Calendar Web 服务器控件引发 SelectionChanged 事件，该事件是 Click 事件的更抽象版本。

Web 服务器控件不再支持经常发生（并且是在用户不知道的情况下引发）的事件，如 onmouseover 事件等，但 ASP.NET 服务器控件仍然可以为这些事件调用客户端处理程序。另外，控件和页面本身还会在每个处理步骤引发生命周期事件，如 Init、Load 和 PreRender，可以在应用程序中利用这些生命周期事件，如在页面的 Load 事件中，可以设置控件的默认值。

基于服务器的 ASP.NET 页面和 Web 控件事件遵循事件处理程序方法的标准，所有事件都传递两个参数，一个是表示引发事件的对象，另一个是包含任何事件特定信息的事件对象。如按钮的单击事件：

protected void Button1_Click(object sender, EventArgs e) {
　……
}

事件的第二个参数一般是 EventArgs 类型，但对于某些控件而言是特定于该控件的类型。如 ImageButton 服务器控件，第二个参数是 ImageClickEventArgs 类型，它包括有关用户单击位置的坐标的信息。例如：
protected void ImageButton1_Click(object sender, ImageClickEventArgs e){
......
}

触发一个事件就会产生一条消息，在应用程序中，消息以方法逻辑的形式被调用，在 ASP.NET 网页中，事件消息与特定方法(即事件处理程序)之间的绑定是通过事件委托来实现的。如果控件是以声明(标记)的方式在页面中创建的，则不需要显式地对委托进行编码，对于在页面上声明的控件，可以通过在控件的标记中设置特性(属性)，将事件绑定到方法。下面的代码示例演示如何将 ASP.NET Button 控件的 Click 事件绑定到名为 Button1_Click 的方法：

<asp：Button id="Button1" runat="server" text="确定" OnClick="Button1_Click" />

以上代码定义了一个 Button 控件，其 id 为 Button1，runat="server"表示它是一个服务器端控件，如果想要控件能在服务器端使用，就必须添加此属性。text 为按钮控件显示的文本信息，OnClick="Button1_Click"是定义了一个名为"Button1_Click"的单击事件。编译后，ASP.NET 会查找名为 Button1_Click 的方法，并确认该方法具有适当的签名，该方法接受两个参数，一个是事件的触发者 Object 类型，另一个含事件特定信息的 EventArgs 类型。然后，ASP.NET 可以自动将事件绑定到方法。如果通过使用标签声明控件来创建控件，需要用代码动态地将事件绑定到方法，下面的代码示例演示如何将名为 myButton_Click 的方法绑定到按钮的 Click 事件：

Button myButton = new Button;//定义一个按钮
myButton.Text = "Click";// 按钮显示的文本
//为定义的按钮添加一个名为 myButton_Click 的方法
myButton.Click += new System.EventHandler(myButton_Click);

4.2 按钮类服务器控件

用户在访问网页时常常需要提交一些窗体信息，按钮类控件是常见的提交窗体的控件，主要包括：Button、LinkButton 和 ImageButton，它们的外观不同，但功能和事件执行方式相似。

4.2.1 Button 控件

Button 控件是通过单击来激发事件传递消息的，按钮可以是提交(submit)按钮或命令(command)按钮，默认情况下该控件为提交按钮。提交类型按钮被点击时，它会把 Web 页面提交到服务器处理，没有从服务器返回的过程。命令按钮有一个 Command 名称，在页面上可以创建多个按钮控件来共同执行一个事件，它们通过名称来进行区分。Button 控件的声明方式如下：

<asp：Button ID="btn1" runat="server" Text="按钮" /> 或
<asp：Button ID="btn1" runat="server" Text="按钮" /></asp：Button>

Button 控件最主要的事件就是 OnClick 单击事件，除此之外还有一些常用的属性，见表 4-2。

表 4-2　　　　　　　　　　　　　　**Button 控件的常用属性**

属性	描述
CommandArgument	用于指示命令传递的参数，提供有关要执行的命令的附加信息
CommandName	按钮控件为命令按钮时用于设置或获取命令按钮的名称
OnClientClick	当按钮被点击时被执行的客户端事件的名称
PostBackUrl	获取或设置当 Button 控件被点击时从当前页面传送数据的目标页面的 URL
Text	按钮上的文本内容

4.2.2　LinkButton 控件

LinkButton 控件是超链接按钮控件，与 Button 控件一样，用于把表单回传给服务器端。但它是以超链接的形式显示的，其外观像超链接 HyperLink，但功能与 Button 相同。LinkButton 控件声明的语法代码如下：

<asp:LinkButton ID="lkbtn1" runat="Server" Text="按钮"></asp:LinkButton>

LinkButton 控件的事件和常用属性与 Button 控件相似，这里不再赘述。如果为上面定义的 lkbtn1 添加一个事件，让单击事件触发时页面重定向到 Default.aspx 页面，页面文件代码如下：

<asp:LinkButton runat="server" ID="lkbtn" Text="超链接按钮" onclick="lkbtn_Click">
</asp:LinkButton>

隐藏代码文件：

```
protected void lkbtn1_Click(object sender,EventArgs e){
    Response.Redirect("Default.aspx");}
```

4.2.3　ImageButton 控件

ImageButton 控件是图像按钮控件，也与 Button 控件的功能一样，但它是以图片的形式显示的，其外观像 Image，但功能与 Button 相同。ImageButton 控件声明的语法代码如下：

<asp:ImageButton runat="server" ID="ibtn" ImageUrl="图片路径" />或

<asp:ImageButton runat="server" ID="ibtn" ImageUrl="图片路径">
    </asp:ImageButton>

ImageButton 主要事件同 Button 一样为 OnClick 事件，其属性大部分与 Button 属性相似，但还有自己特有的属性。ImageUrl 属性是用来设置或获取在 ImageButton 控件中显示的图片位置。AlternateText 属性是在显示图片不能加载时用于替代图片的文字。

为上面定义的 ibtn 图像按钮添加事件，使得在触发该按钮的单击事件时，屏幕上输出"欢迎学习 ASP.NET Web 编程"的文字。页面文件代码如下：

<asp:ImageButton ID="ImageButton1" runat="server" BackColor="yellow"

onclick="ibtn_Click" />

隐藏代码文件添加事件的逻辑代码：

protected void ibtn_Click(object sender,ImageClickEventArgs e){
Response.Write("欢迎学习 ASP.NET Web 编程");}

4.3 文本类服务器控件

文本类服务器控件主要用于 Web 页面上可以输入或输出文本信息的控件，常用的文本控件主要有标签控件、静态文本控件以及文本框控件。

4.3.1 Label 控件

Label 服务器控件为开发人员提供了一种以编程方式设置 Web 窗体页中文本的方法，通常在运行时想要更改页面中的文本就可以使用 Label 控件，或者需要使页面显示的内容不可以被用户编辑时，也可以使用 Label 控件。

声明 Label 控件的语法定义如下：

<asp：Label id="lab1" Text="要显示的文本内容" runat="server"/></asp：Label>

Label 控件最常用的 Text 属性用于设置要显示的文本内容，并可以在页面文件中为显示的文本设置样式。例如，在页面加载的时候使上面定义的 lab1 标签控件显示"欢迎学习 ASP.NET Web 编程"，且字体为红色加粗，字号为 large。页面文件定义 lab1 的代码中添加样式代码，如下：

<asp：Label runat="server" ID="lab1" Font-Bold="true" ForeColor="Red"
    Font-Size="Large" ></asp：Label>

在代码文件的页面加载事件中添加如下代码：

protected void Page_Load(object sender, EventArgs e){
    lab1.Text = "欢迎学习 ASP.NET Web 编程";}

4.3.2 Literal 控件

Literal 控件的工作机制与 Label 类似，但该控件不允许向其内容应用样式，它用于显示在页面中不发生任何变化的文本以及用于在网页上呈现可能出现语言标记的文本的解决方案。

声明 Literal 控件的语法代码如下：

<asp：Literal runat="server" ID="lit1" Text="这里是 Literal 控制的文本" ></asp：Literal>

Literal 控件与 Label 控件有着相似的属性，但还有一些自己的重要属性，如 Mode 属性对于处理 HTML 标签很有意义，该属性有 3 个可选值，分别是 Encode、Passthrough 和 Transform。Encode 属性用于将文本进行 HTML 编码后原样显示到浏览器上；Passthrough 用于将 Text 属性直接传送给浏览器，不经过任何编码或修改；Transform 用于移除不受支持的标记元素，在这种情况下，目标标记语言不支持的所有元素都不会呈现（移除标记，保留内容）。

4.3.3 TextBox 控件

TextBox 控件为用户提供了一种向 Web 窗体页面中输入信息,包括文本、数字和日期的途径,实现了应用程序与用户的交互。

TextBox 控件声明的代码如下:

<asp:TextBox id="txt1" runat="server"/></asp:TextBox>

TextBox 控件还有以下几个重要的属性,见表 4-3。

表 4-3 　　　　　　　　　　　**TextBox 控件的常用属性**

属性	描述
AutoPostBack	设置或获取一个布尔值,表示当 TextBox 内容改变时,是否立即回传到服务器。true 表示回传,False 表示不回传,默认为 false
Columns	获取或设置 TextBox 的宽度(以字符为单位)
MaxLength	获取或设置 TextBox 中最多允许的字符数
ReadOnly	规定能否改变文本框中的文本,默认为 false,表示可以修改
TextMode	用于设置文本的显示模式,SingleLine 创建只包含一行的文本框。Password 创建用于输入密码的文本框,用户输入的密码将被其他字符替换,MultiLine 创建包含多个行的文本框
Text	设置和读取 TextBox 中的文本信息
Rows	TextBox 的高度(仅在 TextMode="Multiline" 时才有效)

TextBox 的 TextMode 属性在 ASP.NET 4.5 中做了重大改进,增加了日期模式、月份模式、Email 模式等 13 项模式,在使用的时候可以通过设置不同文本框模式,以起到相应的不同作用。

TextBox 最重要的事件是 ontextchange 事件,表示当用户向文本框中输入新内容,或当程序把文本框控件的 Text 属性设置为新值时,触发 ontextchange 事件,当 AutoPostBack 属性为 true 时会自动触发该事件。

例如:当文本框内容改变的时候,在之前定义的 lab1 中提示用户"内容已经改变",页面文件如下:

<asp:TextBox runat="server" ID="txt1" ontextchanged="txt1_TextChanged" Text="这是文本框" AutoPostBack="true"></asp:TextBox>

隐藏代码文件添加事件的逻辑代码如下:

protected void txt1_TextChanged(object sender, EventArgs e){
lab1.Text = "内容发生了改变"; }

TextBox 控件在默认情况下并不能自动触发其 ontextchanged 事件,因为事件触发属性 AutoPostBack 的属性值为 false,需要手动设置其属性值为 true。

4.4 选择性服务器控件

有些网站与用户交互的时候，除了需要输入信息，常常还需要用户根据网站提供的选项做出一些选择，如注册用户时的性别选择等。ASP.NET 提供了多种选择性的服务器控件，包括多选控件和单选控件，下面介绍程序中常用的选择性控件。

4.4.1 RadioButton 控件

RadioButton 控件用于在 Web 窗体中创建一个单选按钮，用于从多个选项中选择一项。因此，需要多个 RadioButton 控件组成一组使用才有意义。

RadioButton 控件的声明代码如下：

    <asp：RadioButton ID="rdo1" runat="Server"></asp：RadioButton>

RadioButton 控件除基本的属性外，其他常用的属性见表 4-4。

表 4-4   RadioButton 常用属性

属性	描述
AutoPostBack	设置或获取一个布尔值，表示在 RadioButton 的 Checked 属性被改变后是否立即回传到服务器，默认为 false
Checked	规定 RadioButton 是否被选中，布尔值
GroupName	获取或设置 RadioButton 所属控件组的名称
Text	获取或设置与 RadioButton 控件关联的文本标签
TextAlign	获取或设置文本应出现在单选按钮的哪一侧（Left 或 Right），默认为 Right

RadioButton 控件的主要事件为 CheckedChanged 事件，即当 Checked 属性的值更改时发生的事件，当 AutoPostBack 属性为 true 时会自动触发该事件。

【示例 4-2】 使用 RadioButton 控件实现用户注册时性别的选择功能，在选择"男"后在 Label 标签中显示"性别男，选择成功，请继续"，选择"女"后在 Label 标签中显示"性别女，选择成功，请继续"的提示语。

①在"示例 chap04"解决方案中的"示例 chap04"项目中，单击鼠标右键，添加新的 Web 窗体，并命名为"示例 4-2.aspx"，页面文件代码如下：

<div>
<asp:Label runat="server" ID="labmessage" Font-Size="Larger"></asp:Label>
<asp:RadioButton runat="server" ID="rdomale" Text="男" GroupName="rdogender"
       AutoPostBack="true" oncheckedchanged="rdomale_CheckedChanged" />
<asp:RadioButton runat="server" ID="rdofemale" Text="女" GroupName="rdogender"
       AutoPostBack="true" oncheckedchanged="rdofemale_CheckedChanged" />
</div>

②隐藏文件中事件代码如下：

protected void rdomale_CheckedChanged(object sender,EventArgs e){

```
            labmessage.Text = "性别男,选择成功,请继续";}
        protected void rdofemale_CheckedChanged(object sender,EventArgs e){
            labmessage.Text = "性别女,选择成功,请继续";}
```

4.4.2 CheckBox 控件

CheckBox 控件用于在 Web 窗体中创建可以进行多项选择的复选框,该控件允许用户在 True 和 False 之间切换。

CheckBox 控件声明代码如下:

`<asp:CheckBox ID="chk" runat="server"></asp:CheckBox>`

CheckBox 控件的主要事件是改变其 checked 属性值的时候触发的 CheckedChanged 事件,用法与 RadioButton 控件相似,CheckBox 控件除基本的属性外,其他常用的属性见表 4-5。

表 4-5   CheckBox 控件的常用属性

属性	描述
AutoPostBack	设置或获取一个布尔值,表示 CheckBox 控件的 Checked 属性被改变后是否立即回传到服务器,默认为 false
Checked	获取或设置一个值,该值指示是否已选中 CheckBox 控件。该值只能是 True 或 False
Text	获取或设置与 CheckBox 控件相关联的文本信息
TextAlign	与 CheckBox 控件关联的文本标签的对齐方式(right 或 left),默认为 right

CheckBox 控件的属性和事件基本上与 RadioButton 控件相似,但是 CheckBox 控件没有 GroupName 属性,因为该控件为复选控件,不需要选项之间的互斥。

4.4.3 ListBox 控件

ListBox 控件用于创建多选的列表框,通常是一次显示 1 个以上的选项,这些选项是通过 ListItem 子元素来定义的。

声明方法如下:

`<asp:ListBox ID="lbox" runat="server"></asp:ListBox>`

ListBox 控件常用的属性、方法和事件分别见表 4-6 和表 4-7。

表 4-6   ListBox 控件的常用属性

属性	描述
AutoPostBack	选项列表中的项被选中或者修改时触发的事件是否立即回传到服务器,默认为 false
Checked	获取或设置一个值,该值指示是否已选中 ListBox 控件
DataSource	用于指定填充列表控件的数据源
DataTextField	用于指定 DataSource 中的一个字段,该字段的值对应于列表项的 Text 属性

续表

属性	描述
Items	泛指列表框中的所有项，每一项的类型都是 ListItem
Rows	ListBox 显示的行数
SelectionMode	ListBox 控件中条目的选择类型，即多选(Multiple)、单选(Single)
count	ListBox 中 Items 的数量
SelectedIndex	列表框中被选择项的索引值
SelectedItem	获得列表框中被选择的条目，通过该属性可获得选定项的 Text 和 Value 属性值
SelectedValue	获得列表框中被选中的值
Text	获取或设置与 ListBox 控件相关联的文本信息
TextAlign	与 CheckBox 控件关联的文本标签的对齐方式(right 或 left)，默认为 right

需要注意的是，在上述属性表中，有些属性不能在页码文件中调用，只能在隐藏文件中调用，如 SelectedIndex，SelectedItem，SelectedValue 等，在使用的时候注意区分。

另外，对于 ListBox 控件的每个列表项都是一个具有各自属性的 ListItem 类型的对象。它们也有自己的属性，主要包括 Selected，表示检测当前条目是否被选中；Text 指定条目在列表中显示的文本；Value 表示包含于某个项相关联的值，设置此属性可以将该值与特定的项关联而不显示该值。例如，可以将 Text 属性设置为某种颜色的名称，并将 Value 属性设置为其十六进制表示形式。

表 4-7　　　　　　　　　　　ListBox 控件的常用方法和事件

方法/事件	描述
Add	通过 Items.Add 方法，可向 ListBox 控件添加选项
Clear	Items.clear 方法，清空选择 ListBox 中的选项
GetItemHeight	获得 ListBox 中某项的高度
GetItemRectangle	获得 ListBox 中某项的边框
Insert	通过 items.insert 方法，可将一个新的选项插入到 ListBox 中
GetSelected	返回一个值，该值指示是否选定了指定的项
OnTextChanged	被选项目列表内容发生改变时触发的事件
OnSelectedIndexChanged	被选项目列表索引发生改变时触发的事件
Remove	通过 Items.Remove 方法，可从 ListBox 控件中删除指定的选项
Sort	对 ListBox 中项进行排序

【示例 4-3】　在 ListBox 中列出个人爱好的项目，让用户可以选择其中一项或多项，选

中某一项爱好时 Label 就会显示该用户相应的爱好是什么。

①在示例 4-1 的"chap04"项目中添加新的 Web 窗体，命名为"示例 4-3.aspx"，在页面文件表单标签中添加如下代码：

```
<div>
    <asp:ListBox runat="server" ID="lbox" SelectionMode="Multiple" AutoPostBack='true'
    OnSelectedIndexChanged="lboxchanged" Height=80px Width=60px>
        <asp:ListItem Text="足球"></asp:ListItem>
        <asp:ListItem Text="游泳"></asp:ListItem>
        <asp:ListItem Text="绘画"></asp:ListItem>
        <asp:ListItem Text="音乐"></asp:ListItem>
        <asp:ListItem Text="舞蹈"></asp:ListItem>
        <asp:ListItem Text="旅行"></asp:ListItem>
    </asp:ListBox><br/>
    <p>您的爱好是：<asp:Label runat="server" ID="lblmessage"></asp:Label></p>
</div>
```

②隐藏文件的 lboxchanged 事件代码：

```
protected void lboxchanged(object sender, EventArgs e){
    lblmessage.Text += lbox.SelectedItem.Text;  }
```

运行该程序，页面显示如图 4-2 所示，选择选项后页面效果如图 4-3 所示。

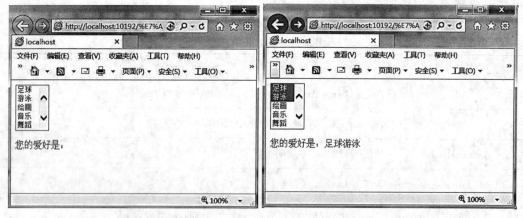

图 4-2　页面初加载时效果　　　　　图 4-3　选择项目后效果

4.4.4　DropDownList 控件

DropDownList 控件提供可为用户单选的下拉列表框，该控件类似于 ListBox 控件，只不过它在框中只显示第一个选项，当用户单击下拉按钮时将显示可选项的列表。通常 DropDownList 不能进行多项选择，此时与 ListBox 的 SelectionMode 属性为 Single 使用相似。

DropDownList 控件声明的语法格式为：

`<asp:DropDownList runat="server" ID="ddl"></asp:DropDownList>`

DropDownList 控件的常用属性见表4-8。

表 4-8　　　　　　　　　　　　**DropDownList 控件的常用属性**

属性	描述
AutoPostBack	用于设置当改变选项内容时,是否立即回送到服务器,默认 false
DataSource	用于指定填充列表控件的数据源
DataTextField	用于指定 DataSource 中的一个字段,该字段的值对应于列表项的 Text 属性
Items	表示列表中各个选项的集合
Count	DropDownList 控件的选项数,通过 Items.Count 属性获得
SelectedIndex	用于获取下拉列表中选项的索引值。如果未选定任何项,则返回值-1
SelectedItem	用于获取列表中的选定项。通过该属性可获得选定项的 Text 和 Value 属性值
SelectedValue	用于获取下拉列表中选定项的值

在 DropDownList 控件的 Items 属中的每个选项都有以下 3 个基本属性:

Text 属性:表示每个选项的文本;

Value 属性:表示每个选项的选项值;

Selected 属性:表示该选项是否被选中。

DropDownList 控件的 Items 常用的方法包括 Add、Remove、Insert、Clear 方法,DropDownList 的事件主要是在用户选择了下拉列表中的任意选项时,所触发的 onselectedindexchanged 事件,这些方法与事件的用法与 ListBox 非常接近,在这里不再赘述。

【示例 4-4】　在第一个 DropDownList 下拉框中添加省份,在第二个 DropDownList 下拉框中加载相应的城市,用户选择下拉框中的城市后,点击"提交"按钮,屏幕显示用户的出生地。

①在示例 4-1 的"chap04"项目中添加新的 Web 窗体,并命名为"示例 4-4.aspx",在页面文件中添加如下代码:

```
<div>
```

请选择省份:

```
<asp:DropDownList ID="DropDownList1" runat="server" AutoPostBack="True"
onselectedindexchanged="DropDownList1_SelectedIndexChanged">
    <asp:ListItem Selected="True" Value="0">河北省</asp:ListItem>
    <asp:ListItem Value="1">山东省</asp:ListItem>
</asp:DropDownList>
  
```

请选择城市:

```
<asp:DropDownList ID="DropDownList2" runat="server" >
    </asp:DropDownList> <br /><br />
    <asp:Button ID="Button1" runat="server" Text="提交" onclick="Button1_Click" />
    <br /><br />
```

```
            <asp:Label ID="Label1" runat="server" Text=""></asp:Label>
</div>
```

②隐藏文件中页面加载 Page_Load 事件代码：

```csharp
protected void Page_Load(object sender, EventArgs e) {
    if(!IsPostBack) {
        DropDownList2.Items.Add("石家庄");
        DropDownList2.Items.Add("保定");
        DropDownList2.Items.Add("廊坊");
        DropDownList2.Items.Add("沧州");
        DropDownList2.Items.Add("唐山");
        DropDownList2.Items.Add("邯郸");
    }
}
```

③第一个下拉框选项值改变时的 SelectedIndexChanged 事件代码：

```csharp
protected void DropDownList1_SelectedIndexChanged(object sender, EventArgs e) {
    DropDownList2.Items.Clear();
    switch(Convert.ToInt32(DropDownList1.SelectedValue)) {
        case 0: DropDownList2.Items.Add("石家庄");
            DropDownList2.Items.Add("保定");
            DropDownList2.Items.Add("廊坊");
            DropDownList2.Items.Add("沧州");
            DropDownList2.Items.Add("唐山");
            DropDownList2.Items.Add("邯郸");
            break;
        case 1: DropDownList2.Items.Add("济南");
            DropDownList2.Items.Add("青岛");
            DropDownList2.Items.Add("烟台");
            DropDownList2.Items.Add("日照");
            DropDownList2.Items.Add("泰安");
            DropDownList2.Items.Add("潍坊");
            break;
    }
}
```

④"提交"按钮事件代码：

```csharp
protected void Button1_Click(object sender, EventArgs e) {
    Label1.Text = "您的出生地是:";
    Label1.Text += DropDownList1.SelectedItem.Text;
    for(int i = 0; i < DropDownList2.Items.Count; i++) {
        if(DropDownList2.Items[i].Selected) {
            Label1.Text += DropDownList2.Items[i].Text; }
    }
}
```

⑤程序运行后初始页面如图 4-4 所示，选择省份和城市，并点击"提交"按钮后的页面如图 4-5 所示。

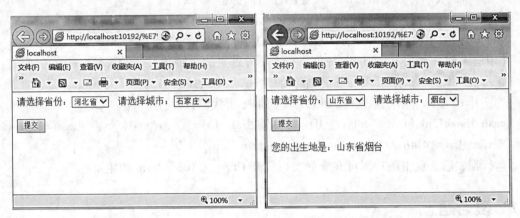

图 4-4　初始页面　　　　　　　　图 4-5　选择项目提交后页面

4.5　Image 控件

Image 控件又称图像控件，主要是用于在网页上显示图片或者图像信息，相当于 HTML 标记语言中的<img>标记，它声明的代码如下：

<asp：Image runat=" server" ID=" lmg" />或者

<asp：Image runat=" server" ID=" lmg" ></asp：Image>

Image 控件有如下几个重要的属性：

①ImageUrl：用于设置和获取在 Image 控件中显示图片的路径。例如：

<asp：Image runat=" server" ID=" lmg" ImageUrl=" ~/2-20. JPG" />

②AlternateText：获取和设置当图像不可用时，在 Image 控件中显示替换文本。

③ImageAlign：用于获取和设置 Image 控件相对于网页中其他元素的对齐方式，如果页面中仅有图片没有其他元素，则该属性的效果不能显示。该属性有 9 个可选值，常用的包括 Middle 相对于其他元素的水平中线对齐，Left 居左对齐，Right 居右对齐，Bottom 底部对齐，Top 顶部对齐等。用户还可以根据需求设置图片的大小等。

4.6　HyperLink 控件

HyperLink 控件用于创建超链接，实现网页之间的跳转，相当于 HTML 的<a>标签。

HyperLink 控件声明的代码如下：

<asp：HyperLink ID=" hplik" runat=" server" ></asp：HyperLink>

HyperLink 控件除了基本属性之外，还有以下几个重要的属性：

①Text：用于设置或获取 HyperLink 控件的文本内容。

②NavigateURL：用于设置或获取单击 HyperLink 控件时链接到的 URL。

③Target：用于设置或获取目标链接要显示的位置，有如下的值可选：

_ blank，表示在新窗口中显示目标链接的页面；

_ parent，表示将目标链接的页面显示在上一个框架集父级中；

_ self，表示将目标链接的页面显示在当前的框架中；

_ top，表示将内容显示在没有框架的全窗口中；

ImageUrl：用于设置或获取显示为超链接图像的 URL。

【示例 4-5】 利用 HyperLink 控件，点击图片使页面跳转到另外的页面。

在示例 4-1 的"chap04"项目中添加新的 Web 窗体，并命名为"示例 4-5.aspx"，在项目中添加图片 chap04.jpg，然后在页面文件中添加如下代码：

<asp:HyperLink runat="server" ID="hplik" ImageUrl="~/chap04.jpg" Target="_blank" NavigateUrl="Http://baidu.com" ></asp:HyperLink>

运行程序后，点击图片即可在新的窗口打开 Http://baidu.com 的主页。

4.7 复习题

1. 什么是 Web 服务器控件？它与 HTML 控件有何区别？
2. Web 服务器控件的事件参数分别是什么类型？各有什么意义？
3. 如何将程序的事件绑定到 Web 服务器控件中？

第5章 ASP.NET 基本对象

ASP.NET 提供了许多对象，这些对象带来了相当多的功能，例如，可以在两个网页之间传递变量、输出数据，以及记录变量值等。这些对象在 ASP 时代已经存在，到了 ASP.NET 环境下，这些功能仍然可以使用，而且它们的种类更多，功能也更强大。这些对象使用户更容易收集通过浏览器请求发送的信息、响应浏览器以及存储用户信息，以实现其他特定的状态管理和页面信息的传递。ASP.NET 提供的内置对象有 Page、Request、Response、Application、Session、Server、ViewState 和 Cookies，本章主要介绍几种常见内置对象的使用。

本章重点：
- Page 类；
- Request 对象；
- Response 对象；
- Session 对象；
- Cookie 对象；
- Application 对象。

5.1 Page 类

在 .NET Framework 中，Page 类为 ASP.NET 应用程序从 .aspx 文件构建的所有对象提供基本行为。该类在 namespace System.Web.UI 命名空间中定义，从 TemplateControl 中派生出来，实现了 HttpHandler 接口。项目中所有的 Web 页面均继承自 Page 类。

5.1.1 ASP.NET 页面生命周期

当一个获取网页的请求被发送到 Web 服务器后，这个页面就会接着运行从创建到处理完成的一系列事件。在程序建立 ASP.NET 页面的时候，这个执行周期是不必去考虑的。然而，如果被正确地操纵，一个页面的执行周期将是一道有效而且功能强大的工序。许多开发者在编写 ASP.NET 页面以及用户控件的时候发现：如果知道整个过程中发生了什么以及在什么时候发生将对完成整个任务起到很重要的帮助作用。下面介绍一个 ASP.NET 页面从创建到处理完成的过程中所经历的事件。

（1）页面初始化

页面初始化期间，进行页面及其控件的初始化，并设置每个控件的 UniqueID 属性。确定页面当前请求是回发请求还是初次加载，在这个阶段主要触发的页面事件有 PreInit、Init 以及 InitComplete 事件。PreInit 发生在页面初始化之前，页面上的控件还尚未创建。此时可以创建或重新创建动态控件以及动态设置主控页。Page 的 Init 事件调用将执行页面初始化，实例化页面上的控件对象，可以读取或初始化控件属性。初始化完成由 Page 对象触发 InitComplete 事件，使用该事件来处理要求预先完成所有初始化工作的任务。

（2）加载

加载期间，如果当前请求是回发请求，则将使用从视图状态和控件状态恢复的信息加载控件属性。此时 Page 的 PreLoad、PageLoad、Load 事件被触发，并使用这些事件来处理特定控件事件，如 Button 控件的 Click 事件或 TextBox 控件的 TextChanged 事件。PreLoad 事件在 Load 事件之前对页面或控件执行处理，在 Page 引发该事件后，它会为自身和所有控件加载视图，这是个比较重要的方法，对于每次页面请求，实际上是由不同的页面类实例来处理的，为了保证两次请求间的状态，ASP.NET 使用了 ViewState、LoadViewState 方法从 ViewState 中获取上一次的状态，并依照页面的控件树的结构，用递归来遍历整个树，将对应的状态恢复到每一个控件上。PageLoad 事件是在页面为自身和所有控件加载视图状态之后以及处理 Request 示例包括的回发数据之后引发。

加载对应 Load 事件，Page 对象调用 OnLoad 方法，然后以递归方式对每个子控件执行相同操作，直到加载完本页和所有控件为止，各个控件的 Load 事件在页面的 Load 事件之后发生。用 Visual Studio 2010 生成的隐藏页面中的 Page_Load 方法就是响应 Load 事件的方法，对于每一次请求，Load 事件都会被触发，Page_Load 事件中的方法或逻辑也就会执行。

（3）回发事件处理

如果请求是回发请求，则将调用控件事件处理程序，之后，将调用所有验证程序控件的 Validate 方法，此方法将设置各个验证程序控件和页面的 IsValid 属性。对应上一阶段状态的处理，如果处理回发数据返回 True，页面框架就会调用此方法来触发数据更改的事件，所以自定义控件的回发数据更改事件需要在此方法中触发。

（4）呈现

在页面呈现之前还包括一个页面的预呈现阶段，主要作用是在最终呈现之前，针对该页面和所有控件保存视图状态，其对应 Page 类的 PreRender 事件，同时调用 OnPreRender 方法。然后，在呈现阶段页面会针对每个控件调用 Render 方法，它会提供一个文本编写器，用于将控件的输出写入页面的 Response 属性的 OutputStream 对象中。

（5）卸载

完全呈现页面并已将页面发送至客户端、准备丢弃该页面后，将引发 Unload 事件。此时，卸载页面属性(如 Response 和 Request)并执行清理。触发 UnLoad 事件，执行最后的清理工作。一般开发者无需干涉，最后页面会自动执行 OnUnLoad 方法触发 UnLoad 事件，处理在页面对象被销毁之前的最后任务。

以上就是 ASP.NET 页面生命周期的主要过程，每次用户请求一个 ASP.NET 页面时，都经历着同样的过程；从初始化页面到销毁对象，理解这一过程，开发人员将在编写程序的时候更加游刃有余。

5.1.2 Page 类的重要属性、方法和事件

ASP.NET 创建一个新的 Web 应用程序后，在 .aspx 文件的第一行为页面的配置指令，包含了一些页面信息，分别如下：

①Page Language：程序所应用的开发语言。

②AutoEventWireup：指示页面的事件是否自动联网，如果启用事件自动联网，则为

true,否则为 false。AutoEventWireup 属性被设置为 true,该页面框架将自触发用页面的事件,即 Page_ Init 和 Page_ Load 事件。在这种情况下,不需要任何显式的 Handles 子句或委托。

③CodeFile:页面的隐藏代码文件。

④Inherits:隐藏代码文件继承的文件。

Page 类常用的属性见表 5-1。

表 5-1 **Page 类的常用属性**

属 性	说 明
Application	返回 HttpApplicationState 类的实例。它代表当前应用程序的状态
IsPostBack	用于指示当前被加载的页面是回发页面,还是第一次加载
IsValid	用于指示页面验证是否成功
Request	返回 HttpRequest 类的实例,它代表当前 HTTP 请求
Response	返回 HttpResponse 类的实例,它用于将 HTTP 响应数据发送给客户端
Server	返回 HttpServerUtility 类的实例,它提供处理 Web 请求的辅助方法
Session	返回 HttpSessionState 类的实例,它用于管理用户特有的数据
PreviousPage	返回跨页回发中主调用页面的引用
TemplateSourceDirectory	获取当前页面的虚拟路径
Validators	返回页面中包含的所有验证控件的集合
ViewStateUserKey	字符串类型的属性,代表用户特有的标识,用于对视图状态的内容进行散列加密

上述属性中最重要和最常用的一个属性是 IsPostBack 属性,它是 Page 类的一个 bool 类型属性,用来判断针对当前页面的请求是第一次还是非第一次,当属性值为 true 时,表示是非第一次请求即回发页面,属性值为 false 时表示页面是第一次请求,通常使用 if(!IsPostBack)的方式来判断页面为非回发页面。

Page 类的常用方法见表 5-2。

表 5-2 **Page 类的常用方法**

方 法	描 述
DataBind	用于将页面中的所有可能数据绑定的控件绑定到它所对应的数据源上
MapPath	获取映射到绝对或相对虚拟路径的完整物理地址
FindControl	通过控件的 ID 在页面的命名容器中查找它。该搜索不会进入本身也为命名容器的子控件
HasControls	检查当前页是否包含子控件
RenderControl	用于将当前页面输出为 HTML 文本,如果启用跟踪,结果中将会包含跟踪信息

DataBind 是 Page 中用于数据绑定的重要方法,方法本身不会生成代码,但为后续的呈

现铺平道路。

页面从加载到资源释放页面卸载，经历的 Page 事件很多，但大多数事件不需要开发者关心，有些会自动触发，在这一过程中需要关心的主要事件有以下常见事件，见表5-3。

表 5-3　　　　　　　　　　　　　**Page 类的主要事件**

事件	描　　述
DataBinding	在页面的 DataBind 方法被调用时引发。该方法会将页面中的所有子控件与其所对应的数据源进行绑定
Disposed	在页面从内存中被释放后引发。该事件标志着页面生命周期的最后阶段
Error	在未处理异常被抛出时引发
Init	在页面被初始化时引发。该事件标志着页面生命周期的第一个阶段
InitComplete	在页面及其所有子控件全部初始化完毕后引发。ASP.NET 1.x 不支持该事件
Load	在页面初始化完毕后，进行加载时引发
LoadComplete	在页面加载结束，且服务器事件也已引发完毕后引发
PreInit	在页面的初始化阶段开始时引发
PreLoad	在页面的加载阶段开始时引发
PreRender	在页面即将被呈现时引发
PreRenderComplete	在页面的预呈现阶段开始时引发
SaveStateComplete	在页面的视图状态已存储在持久性介质中后引发
Unload	在页面从内存中被卸载后但尚未释放前引发

【示例 5-1】 Page 类的 IsPostBack 属性的使用。

实现模拟网站点击量的统计功能，页面初次加载时显示点击量为 0，用户每点击一下页面的按钮，数据就会自动累加。

①启动 Visual Studio 2010，新建 ASP.NET Web 应用程序，项目与解决方案都命名为"示例 chap05"后，添加新的窗体，并命名为"示例5-1.aspx"。

②在页面的表单标签<form></form>之间编写如下代码：

```
<div>
  <asp：Button runat="server" ID="btnpost" Text="提交" onclick="btnpost_Click"/>
  您单击了<asp：Label runat="server" ID="lblnum"></asp：Label>次！
</div>
```

③隐藏代码文件如下：

```
public partial class 示例4_1 : System.Web.UI.Page {
        private static int a = 0;//定义静态变量
        protected void Page_Load(object sender,EventArgs e){
            if(! IsPostBack)//判断页面是否为初次加载
                lblnum.Text = a.ToString();}
```

```
protected void btnpost_Click(object sender,EventArgs e){
    a++;
    lblnum. Text = a. ToString( );}
}
```

鼠标置于该文件页面,单击右键选择"在浏览器中查看"命令,页面第一次加载效果如图 5-1(a)所示,点击按钮 3 次后,页面效果如图 5-1(b)所示。

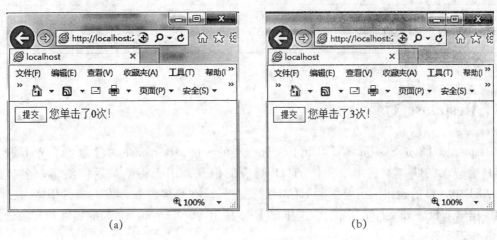

图 5-1　页面运行效果

5.2　Request 对象

Request 对象是 HttpRequest 类的一个实例,该类主要是封装来自 ASP.NET 操作的 HTTP 响应信息。当客户发出请求执行 ASP.NET 程序时,客户端的请求信息会包装在 Request 对象中,包括从 HTML 表单用 Post 或者 GET 方法传递的参数、Cookie 和用户认证等。Request 对象有一些常用的方法与属性,分别见表 5-4 和表 5-5。

表 5-4　　　　　　　　　　　　**Request 对象的常用属性**

属性	描述
Browser	获取有关正在请求的客户端的浏览器功能的信息
Cookies	获取客户端发送的 Cookie 集合
QueryString	获取 HTTP 查询字符串变量集合
Path	获取当前请求的虚拟路径
UserHostAddress	获取远程客户端的 IP 主机地址
Url	获取有关当前请求的 URL 的信息

表 5-5　　　　　　　　　　　　　**Request 对象的常用方法**

方法	描述
BinaryRead	执行对当前输入流进行指定字节数的二进制读取
MapImageCoordinates	将传入图像字段窗体参数影射为适当的 x/y 坐标值
MapPath	为当前请求将请求的 URL 中的虚拟路径映射到服务器上的物理路径
SaveAs	将 HTTP 请求保存到磁盘
ValidateInput	验证由客户端浏览器提交的数据,如果存在具有潜在危险的数据,则引发一个异常

5.3　Response 对象

Response 对象是 System.Web.HttpResponse 类的实例,Response 对象封装了 Web 服务器对客户端请求的响应,它用来操作 HTTP 响应的信息,用于将结果返回给请求者。虽然 ASP.NET 中控件的输出不需要去写 HTML 代码,但是在很多时候开发人员希望能自己手动控制输出输入流,如文件的下载、重定向、脚本输出等。Response 对象的属性和方法分别见表 5-6 和表 5-7。

表 5-6　　　　　　　　　　　　　**Response 对象的属性**

属性	描述
Cookies	获取响应 Cookie 集合
OutPut	启用到输出 HTTP 响应流的文本输出
Buffer	获取一个值,该值指示是否缓冲输出,并在完成处理整个页面之后将其发送

表 5-7　　　　　　　　　　　　　**Response 对象的方法**

方法	描述
BinaryWrite	将一个二进制字符串写入 HTTP 输出流
Clear	清除缓冲区流中的所有内容输出
Close	关闭到客户端的套接字连接
End	将当前所有缓冲的输出发送到客户端,停止该页面的执行,并引发 Application_EndRequest 事件
Flush	向客户端发送当前所有缓冲的输出
Redirect	将客户端重定向到新的 URL
Write	将信息写入 HTTP 输出内容流
WriteFile	将指定的文件直接写入 HTTP 内容输出流

【示例5-2】 模拟网站用户登录后显示"欢迎你：××"的页面跳转页字符串查询的功能。

①启动Visual Studio 2010，在项目"示例chap05"中添加两个页面，分别为"LoginPage.aspx"与"WelcomePage.aspx"。

②LoginPage.aspx页面文件添加需要输入用户名与用户密码的两个文本框以及一个登录按钮，表单内的代码如下：

```
<div>
用户名：<asp:TextBox runat="server" ID="txtUserName" Width="120px" Height="25px"></asp:TextBox><br><br>
密  码：<asp:TextBox runat="server" ID="txtPassWord" TextMode="Password" Width="120px" Height="25px"></asp:TextBox><br>
<asp:Button runat="server" ID="btnLogin" Text="登 录" onclick="btnLogin_Click" />
</div>
```

③按钮的事件代码用于实现页面跳转以及在跳转过程中需要请求用户名的字符串（使用问号"?"来实现），代码如下：

```
protected void btnLogin_Click(object sender, EventArgs e){
    Response.Redirect("WelcomePage.aspx? userName=" + txtUserName.Text);}
```

④页面跳转至"WelcomePage.aspx"页面，该页面加载的时候，即触发Page_Load事件在页面输出"欢迎你：××"的内容，通过查询字符串获取页面传递的用户名，代码如下：

```
protected void Page_Load(object sender, EventArgs e){
    Response.Write("欢迎你:" + Request.QueryString["userName"]);}
```

⑤运行效果如图5-2(a)所示，在初始加载页面的文本框中输入用户名和密码，点击"登录"按钮后，页面跳转后效果如图5-2(b)所示。

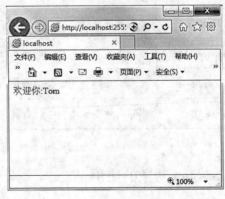

(a)   (b)

图 5-2 页面跳转效果

5.4 Session 对象

5.4.1 Session 对象的属性和方法

Session 对象实际上是操作 System.Web 命名空间中的 HttpSessionState 类。Session 对象可以为每个用户的会话存储信息。Session 对象中的信息只能被用户自己使用,而不能被网站的其他用户访问,因此可以在不同的页面间共享数据,但是不能在用户间共享数据。利用 Session 进行状态管理是 ASP.NET 的一个显著特点。它允许程序员把任何类型的数据存储在服务器上。

Session 对象将数据存储在服务器端,针对每一个连接,系统会自动分配一个 ID 来标识不同的用户。Session 对象的常用属性和方法分别见表 5-8 和表 5-9。

表 5-8 **Session 对象的常用属性**

属性	描 述
Count	获取会话状态下 Session 对象的个数
TimeOut	获取或设置 Session 对象的有效时间,默认为 20 分钟
SessionID	获取或设置用于标识会话的唯一编号

表 5-9 **Session 对象的常用方法**

方法	描 述
Abandon	取消当前会话
Add	向会话状态集合中添加一个新项
Clear	清除当前会话状态中的键和值
Remove	删除当前会话集合中的项
RemoveAt	按索引删除会话集合中的项
RemoveAll	删除当前会话集合中所有的项

5.4.2 Session 对象的使用

Session 对象的变量设置格式如下:
Session["Name"] = Value 或 Session.Add("Name", Value)
例如:
Session[N1] = "V1";
Session[N2] = "V2";

获取 Session 值的时候使用下列格式：

Value = Session["Name"] 或 Value = Sessiong[index]

例如：

string name = Session["Name"].ToString();

【示例 5-3】 使用 Session 对象实现示例 5-2 的页面跳转效果。

① 启动 Visual Studio 2010，在项目"示例 chap05"中添加两个页面分别为"LoginSession.aspx"与"WelcomeSession.aspx"。LoginSession.aspx 页面文件添加需要输入用户名与用户密码的两个文本框以及一个登录按钮，表单内的代码如下：

\<div>

用户名：\<asp:TextBox runat="server" ID="txtUserName" Width="120px" Height="25px">
\</asp:TextBox>\
\

密 码：\<asp:TextBox runat="server" ID="txtPassWord" TextMode="Password" Width="120px" Height="25px">\</asp:TextBox>\

\<asp:Button runat="server" ID="btnLogin" Text="登 录" onclick="btnLogin_Click" />
\</div>

② 在按钮的单击事件中添加如下代码：

protected void btnLogin_Click(object sender,EventArgs e) {
    Session["YourName"] = txtUserName.Text.Trim(); //设置 Session 的变量值
    Response.Redirect("WelcomSession.asp")   }

③ WelcomeSession.aspx 在页面加载的事件中添加如下代码：

protected void Page_Load(object sender,EventArgs e) {
    string name = Session["YourName"].ToString();//获取 Session 的变量值
    Response.Write("欢迎你:" + name);   }

运行该程序的页面效果与示例 5-2 是相同的。

在会话过程中，Session 对象有可能会丢失，主要有两个方面的原因：一是用户关闭浏览器或重启浏览器，二是如果用户通过另一个浏览器窗口进入同样的页面，尽管当前 Session 依然存在，但在新开的浏览器窗口中将找不到原来的 Session。

Session 对象在会话集合中的时间是可以根据需求进行设置的，通过 Session 对象的 TimeOut 属性，开发人员同样也可以通过程序来结束某个会话。

5.5 Cookie 对象

Cookie 对象是 System.Web 命名空间中 HttpCookie 类的对象。Cookie 对象与 Session 对象相似，也是用来存储用户信息的，不同的是，Session 对象将用户信息保存在服务器上，而 Cookie 对象将用户信息存储在客户端。当用户访问某一站点时，该站点可以利用 Cookie 保存用户首选项或其他信息，这样当用户下次再访问该站点时，应用程序就可以检索到以前保存的信息。

Cookie 对象常用的属性和方法分别见表 5-10 和表 5-11。

表 5-10　　　　　　　　　　　　　　**Cookie 对象的常用属性**

属性	描述
Domain	获取或设置此 Cookie 与其关联的域
Expires	获取或设置此 Cookie 的过期日期和时间
Name	获取或设置 Cookie 的名称
Path	获取或设置输出流的 HTTP 字符集
Secure	获取或设置一个值，该值指示是否通过 SSL（即仅通过 HTTPS）传输 Cookie
Value	获取或设置单个 Cookie 值
Values	获取在单个 Cookie 对象中包含的键/值对的集合

表 5-11　　　　　　　　　　　　　　**Cookie 对象的常用方法**

属性	描述
Add	添加一个 Cookie 变量
Clear	清除 Cookies 集合中的变量
Get	通过索引或变量名得到 Cookie 变量值
GetKey	以索引值获取 Cookie 变量名称
Remove	通过 Cookies 变量名称来删除 Cookie 变量

ASP.NET 分别为 Request 和 Response 对象提供了一个 Cookies 集合，Response 对象用于设置 Cookie 的信息，Request 对象用于获取 Cookie 信息。利用 Response 写入 Cookie 的语法格式如下：

Response.Cookies["Cookie 的名称"].value = 值；

Response.Cookies.Add(Cookie 名称，值)；

写入的 Cookie 其信息可以使用 Request 对象获取，格式如下：

Request.Cookies["Cookie 的名称"].Value

也可以通过 new 关键字实例化一个 HttpCookie 类，格式如下：

HttpCookie myCookie = new HttpCookie("Name"，Value)；

Response.Cookies.Add(myCookie)；

通常创建 Cookie 后要设定 Cookies 变量的生命周期。Cookie 对象的 Expries 属性用于获取或设置 Cookie 对象的有效期及时间。由于 Cookies 存放在客户端中，因此有效期及时间以客户端的时间为准，如下所示：

myCookie.Expires = DateTime.Now.AddHours(1)；

实际中，很多网站设定永远有效。这需要设置 Cookie 不过期，如下所示：

Response.Cookies("myCookie").Expires=DateTime.MaxValue；

如果没有指定 Cookie 对象的有效期，则 Cookie 对象只存在于客户端的内存。当浏览器关闭时，Cookie 就会失效。

由于 Cookie 位于用户的计算机中，所以无法直接将其删除。但可以让浏览器来删除

Cookie，删除一个 Cookie 的方式就是利用一个过期的 Cookie 来代替它，如删除上面创建的 myCookie 代码如下：

myCookie. Expries = DateTime. Now. AddHours(-1)；//-1 表示 Cookie 已经过期

Response. Cookies. Add(myCookie)；

【示例 5-4】 使用 Cookie 对象完成示例 5-2 的页面跳转效果。

① 启动 Visual Studio 2010，在项目"示例 chap05"中添加两个页面分别为"LoginCookie. aspx"与"WelcomeCookie. aspx"，LoginCookie. aspx 的页面文件表单内代码为：

```
<div>
    用户名：<asp：TextBox runat = "server" ID = "txtUserName" Width = "120px"
Height = "20px" ></asp：TextBox><br><br>
     密  ； ； ； ；码：< asp：TextBox runat = " server" ID
= "txtPassWord"
    TextMode = "Password" Width = "120px" Height = "20px" ></asp：TextBox><br>
    <asp：Button runat = "server" ID = "btnLogin" Text = "登 录" onclick = "btnLogin_
Click" />
</div>
```

②"登录"按钮的单击事件代码如下：

```
protected void btnLogin_ Click(object sender，EventArgs e) {
string uname = txtUserName. Text；
HttpCookie myCookie = new HttpCookie("Name"，uname)；
myCookie. Expires = DateTime. Now. AddDays(1)；
Response. Cookies. Add(myCookie)； }
```

③WelcomeCookie. aspx 页面加载的事件代码如下：

```
protected void Page_ Load(object sender，EventArgs e) {
if( Request. QueryString["Name"] ! = null) {
string userName = Request. Cookies["Name"]. Value. ToString()；
Response. Write("欢迎你:" + userName)； } }
```

程序运行后效果与示例 5-2 是相同的。

5.6 Application 对象

Application 对象是 HttpApplicationSate 类的一个实例，它包含的数据可以在整个 Web 站点中被所有用户使用，并且可以在网站运行期间持久地保存数据。对 Application 对象的理解关键在于：网站所有的用户共用一个对象，当网站服务器开启的时候，Application 就被创建。设置 Application 对象变量的方法如下：

Application["变量名"] = 值 或者 Application. Add("变量名"，值)；

获取 Application 对象变量值的方法如下：

值 = Application["变量名"]

Application 对象的常用属性和方法分别见表 5-12 和表 5-13。

表 5-12　　　　　　　　　　　　**Application** 对象的常用属性

属性	描述
AllKey	获取 HttpApplicationState 集合中的访问键
Count	获取 HttpApplicationState 集合中的对象数

表 5-13　　　　　　　　　　　　**Application** 对象的常用方法

方法	描述
Add	新增一个 Application 对象变量
Clear	清除全部的 Application 对象变量
Get	通过索引关键字或变量名称得到变量的值
GetKey	通过索引关键字获取变量名称
Lock	锁定全部的 Application 对象变量
UnLock	解锁全部的 Application 对象变量
Remove	使用变量名称移除一个 Application 对象变量
RemoveAll	移除所有的 Application 对象变量
Set	使用变量名更新一个 Application 对象变量

Lock 方法和 Unlock 方法对于 Application 对象是很重要的，因为任何客户都可以存取 Application 对象，如果正好两个客户同时更改一个 Application 对象的值怎么办？这可以利用 Lock 方法，先将 Application 对象锁定，以防止其他客户端更改。更改后，再利用 Unlock 解锁。

除了上述属性和方法外，Application 对象还有两个重要的事件：Application_ OnStart 和 Application_ OnEnd。其中，前者是 Application 开始创建时调用的事件，后者是 Application 被清除时调用的事件。

【示例 5-5】　使用 Application 对象实现简单的网站访问计数功能。

①启动 Visual Studio 2010，在项目"示例 chap05"中添加页面为"ApplicationCount. aspx"的 Web 窗体，ApplicationCount. aspx 页面文件表单内代码：

您好，您是第<asp：Label runat＝"server" ID＝"labCount"></asp：Label>位访问者！

②双击"chap05"项目下的 Global. asax 文件，在 Application_ Start 事件中添加如下代码：

Application["visitorCount"] ＝ 0；//初始化访问者的数量

③在 Global. asax 文件中的 Session_ Start 事件中添加如下代码：

Application. Lock()；

Application["visitorCount"] ＝ Convert. ToInt32(Application["visitorCount"]) ＋ 1；

Application. UnLock()；

④ApplicationCount. aspx 页面的加载事件代码如下：

```
protected void Page_Load(object sender, EventArgs e) {
    int count = Convert.ToInt32(Application["visitorCount"]);
    labCount.Text = count.ToString();
}
```
运行程序,每次页面被访问时,网站的访问量就会增加1。

5.7 复习题

1. Page 类的 IsPostBack 属性有什么作用?
2. 简述 Request 对象和 Response 对象的功能。
3. Application 对象的 Lock 与 UnLock 方法有什么意义?
4. 简述 Session 对象、Cookie 对象以及 Application 对象的区别。

第 6 章 ASP.NET 验证控件

在 Web 应用程序中，为了保证用户输入数据是有效的，需要对用户提交的数据进行验证。为进行有效性验证而收集的数据来自于在应用程序中提供的 Web 窗体，Web 窗体由不同类型的 HTML 元素组成，可以对窗体元素应用不同的验证规则，对元素应用的规则越多，应用到数据上的有效性验证就越严格。

本章重点：
- RequiredFieldValidator 控件；
- CompareValidator 控件；
- RangeValidator 控件；
- RegularExpressionValidator 控件。

6.1 数据验证方式

ASP.NET 提供了两种数据验证方式，一种是客户端数据验证，另一种是服务器端数据验证。

客户端数据验证通常是对客户端浏览器中窗体上的数据进行验证，是为客户端浏览器传送的页面提供一个脚本，通常采用的是 JavaScipt 形式，在窗体回送到服务器之前对数据进行验证。

服务器端数据验证是指在 Web 应用程序中用户提交的数据经客户端浏览器发送到服务器端，服务器验证控件验证用户提交的数据的过程。服务器端数据验证相对而言很安全，也可以不考虑客户端的浏览器是否支持客户端脚本语言，一旦提交的数据无效，页面就会回送到客户机上。由于页面必须提交到一个远程位置进行检验，这使得服务器端的验证过程比较慢。图 6-1 列出了 ASP.NET 所提供的数据验证控件。

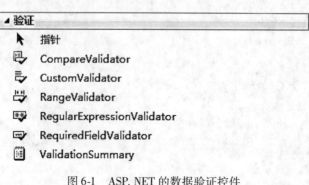

图 6-1　ASP.NET 的数据验证控件

6.2 RequiredFieldValidator 控件

RequiredFieldValidator 控件的功能是指定用户必须为某个在 ASP.NET 网页上的特定控件提供信息。当用户提交网页中的数据到服务器端时，系统自动检查被验证控件的输入内容是否为空，如果为空，则 RequiredFieldValidator 控件在网页中显示提示信息。RequiredFieldValidator 控件常用的属性见表 6-1。

表 6-1　　　　　　　　　　**RequiredFieldValidator 控件的常用属性**

属性	描　　述
ControlToValidate	获取或设置要验证的输入控件
Display	获取或设置验证控件中错误信息的显示行为，合法值有 3 个： None：验证消息从不内联显示； Static：在页面布局中分配用于显示验证消息的空间； Dynamic：如果验证失败，将用于显示验证消息的空间动态添加到页面
EnableViewState	获取或设置一个值，该值指示服务器控件是否向发出请求的客户端保持自己的视图状态以及它所包含的任何子控件的视图状态
ErrorMessage	获取或设置验证失败时，在 ValidationSummary 控件中显示的错误信息的文本
ForeColor	获取或设置验证失败后显示的消息的颜色
IsValid	获取或设置一个值，该值指示关联的输入控件是否通过验证
SetFocusOnError	获取或设置一个值，该值指示在验证失败时是否将焦点设置到 ControlToValidate 属性指定的控件上
Text	获取或设置验证失败时验证控件中显示的文本内容
Page	获取对包含服务器控件的 Page 实例的引用
ValidationGroup	用于绑定验证程序所属的组

【示例 6-1】 利用 RequiredFieldValidator 控件实现网站登录页面信息验证，使用户名或密码不能为空。

①启动 Visual Studio 2010，新建 ASP.NET Web 应用程序，项目与解决方案命名为"示例 chap06"后，添加新的窗体，并命名为"RequiredFieldValidator 验证.aspx"。

②在页面的表单标签之间编写如下代码：

```
<div>
请输入用户名：<asp:TextBox runat="server" ID="uName"></asp:TextBox>
<asp:RequiredFieldValidator runat="server" ID="nameValiidate"
ControlToValidate="uName" ErrorMessage="用户名不能为空" ForeColor="Red">
</asp:RequiredFieldValidator><br />
请输入用户密码：<asp:TextBox runat="server" ID="passWord"></asp:TextBox>
```

<asp：RequiredFieldValidator runat="server" ID="passWordValidate" ControlToValidate="passWord" ErrorMessage="密码不能为空" ForeColor="Red">
</asp：RequiredFieldValidator>
<asp：Button runat="server" ID="btnLogin" Text="登　录" />
</div>

③右键单击该文件，选择"在浏览器中查看"命令，页面加载后，文本框不输入任何值，点击"登录"按钮，验证消息提示效果如图6-2(a)所示，在用户名文本框中输入任何值后，密码文本框不输入值，点击"登录"按钮，验证消息提示效果如图6-2(b)所示，当用户名与密码文本框均有值输入的时候，验证消息不提示。

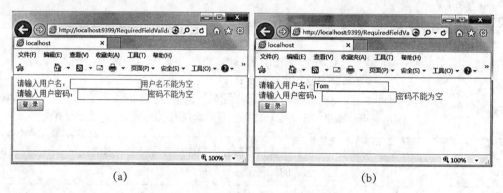

图 6-2　RequiredFieldValidator 控件验证效果图

6.3　CompareValidator 控件

CompareValidator 控件的功能是验证某个输入控件里的信息是否满足事先设定的条件，这个特定条件可以是常值也可以是某一控件中的属性值。CompareValidator 控件的常用属性见表 6-2。

表 6-2　　　　　　　　　　　CompareValidator 控件的常用属性

属性	描　述
ControlToCompare	获取或设置要与所验证的输入控件进行比较的控件，即对比对象
ControlToValidate	获取或设置要验证的输入控件
Display	验证控件中错误信息的显示行为，取值与 RequiredFieldValidator 控件相同
Enabled	规定是否启用验证控件，布尔值
ErrorMessage	获取或设置验证失败时，在 ValidationSummary 控件中显示的错误信息的文本
ForeColor	获取或设置验证失败后显示的消息的颜色
IsValid	获取或设置一个值，该值指示关联的输入控件是否通过验证，布尔值

续表

属性	描　述
Operator	要执行的比较操作的类型，包括：Equal、GreaterThan、GreaterThanEqual、LessThan、LessThanEqual、NotEqual、DataTypeCheck
Text	获取或设置验证失败时验证控件中显示的文本内容
Type	规定要对比的值的数据类型，包括：Currency、Date、Double、Integer、String
ValueToCompare	一个常数值，该值要与由用户输入到所验证的输入控件中的值进行比较

【示例6-2】 使用CompareValidator控件实现用户注册网站时，用户年龄不小于0，两次密码输入需要一致的功能。

①启动Visual Studio 2010，在之前的"示例chap06"项目中，添加新的窗体，并命名为"CompareValidator验证.aspx"。

②在CompareValidator验证.aspx页面文件的表单标签内输入下列代码：

<div>

用户年龄：<asp：TextBox runat=" server" ID=" txtAge"></asp：TextBox>

<asp：CompareValidator runat=" server" ID=" ValidateAge" ControlToValidate=" txtAge" ValueToCompare="0" Type=" Integer" Operator=" GreaterThanEqual" ErrorMessage=" 请输入不小于0的整数" ForeColor=" Red"></asp：CompareValidator>

新密码：<asp：TextBox runat=" server" ID=" txtNewPSW" TextMode=" Password"> </asp：TextBox>

确认新密码：<asp：TextBox runat=" server" ID=" txtCPSW" TextMode=" Password"> </asp：TextBox><asp：CompareValidator runat=" server" ID=" validateNewPSW" ControlToValidate=" txtCPSW" ControlToCompare=" txtNewPSW" ErrorMessage=" 两次密码输入不一致，请重新输入！" ForeColor=" Red"></asp：CompareValidator>

<asp：Button　runat=" server" ID=" btnPost" Text=" 注　册"/>

</div>

说明：用户年龄的文本框(ID=" txtAge")的验证信息包括：用户输入值不小于0即ValueToCompare="0"，验证类型为整型即Type=" Integer"，操作类型为大于等于即Operator=" GreaterThanEqual"，以及需要验证的控件、提示信息和信息文本颜色等设置。

确认密码文本框(ID=" txtCPSW")中的验证信息包括：用来比较的对象为第一次输入到文本框中(ID=" txtNewPSW")的密码，即ControlToCompare=" txtNewPSW"，以及需要验证的控件、验证失败提示信息和信息文本的颜色设置等。

③运行程序，在页面用户年龄文本框输入数值-20，页面效果如图6-3(a)所示，在用户年龄文本框输入正确数值后，在新密码文本框与确认新密码文本框内输入不同值，页面效果如图6-3(b)所示，当新密码文本框与确认新密码文本框内输入值相同且用户年龄不小于0的时候，错误信息不再提示。

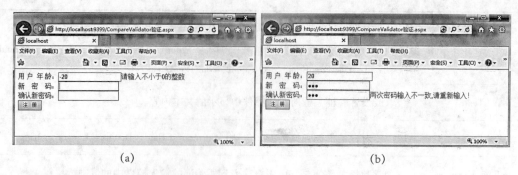

图 6-3 CompareValidator 控件验证效果

6.4 RangeValidator 控件

RangeValidator 控件的功能是验证用户对某个文本框的输入是否在某个范围之内，可以对不同类型的值进行比较，如输入的数值是否在某两个数值之间，输入的日期是否在某两个日期之间等。RangeValidator 控件的常用属性见表 6-3。

表 6-3 **RangeValidator 控件的常用属性**

属性	描述
ControlToValidate	获取或设置要验证的输入控件
Display	验证控件的显示行为，取值与 RequiredFieldValidator 控件相同
Enabled	规定是否启用验证控件，布尔值
ErrorMessage	获取或设置验证失败时，在 ValidationSummary 控件中显示的错误信息的文本
ForeColor	获取或设置验证失败后显示的消息的颜色
IsValid	获取或设置一个值，该值指示关联的输入控件是否通过验证，布尔值
MaximumValue	获取或设置输入控件的最大值
MinimumValue	获取或设置输入控件的最小值
Type	规定要检测的值的数据类型，取值与 CompareValidator 控件相同
Text	获取或设置验证失败时，验证控件中显示的文本内容

需要注意的是，如果输入控件为空，该验证不会失败，这时需要同时使用 RequiredFieldValidator 控件，使字段成为必填字段。另外，如果输入值无法转换为指定的数据类型，验证也不会失败，需要设置 Type 属性为 Date 类型，这样就可以校验输入值的数据类型了。

【示例 6-3】 使用 RangeValidator 控件验证用户输入的日期是否符合网站要求的时间范围。

①启动 Visual Studio 2010，在之前的"示例 chap06"项目中，添加新的窗体，命名为 "RangeValidator 验证.aspx"。

②在"RangeValidator 验证.aspx"页面文件的表单标签内输入下列代码：
<div>
  <strong> 请输入介于 2015-01-01 到 2025-12-31 的日期：</strong>
  <asp：TextBox ID＝"txtDate1" runat＝"server" />
  <asp：Button ID＝"Button1" Text＝"验证" runat＝"server" />
  <asp：RangeValidator runat＝"server" ID＝"RangeValidatorDate"
ControlToValidate＝"txtDate1" MinimumValue＝"2015-01-01"
MaximumValue＝"2025-12-31" Type＝"Date" ErrorMessage＝"您输入的日期必须介于 2015-01-01 至 2025-12-31 之间的时间，且格式与示例相同！" ForeColor＝"Red" />
</div>

③运行程序，在文本框输入的内容格式不符或者输入的范围也不符合要求的时候就会出现错误信息提示，如图 6-4 所示，只有既符合格式要求又符合输入范围要求，验证才能通过，不显示错误信息。

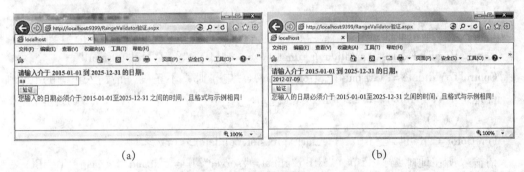

图 6-4 RangeValidator 控件的验证效果

6.5　RegularExpressionValidator 控件

RegularExpressionValidator 控件的功能是验证用户输入的数据是否符合规则表达式预定义的格式，如输入的数据是否符合电话号码、电子邮件等的格式。RegularExpressionValidator 控件的常用属性见表 6-4。

表 6-4　**RegularExpressionValidator 控件的常用属性**

属性	描　　述
ControlToValidate	获取或设置要验证的输入控件
Display	验证控件的显示行为，取值与 RequiredFieldValidator 控件相同
Enabled	规定是否启用验证控件，布尔值
ErrorMessage	获取或设置在验证失败时，ValidationSummary 控件中显示的文本
ForeColor	获取或设置验证失败后显示的消息的颜色
IsValid	获取或设置一个值，该值指示关联的输入控件是否通过验证，布尔值

属性	描述
Text	获取或设置验证失败时验证控件中显示的文本内容
ValidationExpression	获取或设置验证输入控件的正则表达式

如果输入控件为空，验证将失败。需要使用 RequiredFieldValidator 控件，使字段成为必选字段。ASP.NET 提供了一些封装好的正则表达式供用户使用，也可以从其他书籍或互联网上获取一些其他的满足需求的表达式。

【示例6-4】 使用 RegularExpressionValidator 控件，实现网站注册时对用户输入信息的验证，如电子邮箱地址、邮政编码等。

①启动 Visual Studio 2010，在之前的"示例 chap06"项目中，添加新的窗体，命名为"RegularExpressionValidator 验证.aspx"。

②在 RegularExpressionValidator 验证.aspx 的页面文件表单标签内输入下列代码：

请输入电子邮箱地址：<asp：TextBox runat="server" ID="txtEmail"></asp：TextBox>
<asp：RegularExpressionValidator runat="server" ID="rgulValidateEmail"
ControlToValidate="txtEmail" ErrorMessage="电子邮件不正确，请输入正确的电子邮件地址" ValidationExpression="\w+([-+.']\w+)*@\w+([-.]\w+)*\.\w+([-.]\w+)*"
ForeColor="Red"></asp：RegularExpressionValidator>
请输入所在地邮编：<asp：TextBox runat="server" ID="txtCod"></asp：TextBox>
<asp：RegularExpressionValidator runat="server" ID="regulValidateCod"
ControlToValidate="txtCod" ErrorMessage="邮政编码不正确，请输入正确的邮政编码"
ForeColor="Red" ValidationExpression="\d{6}"></asp：RegularExpressionValidator>

③单击鼠标右键在浏览器中查看，程序运行后，在电子邮件文本框输入邮箱时漏输"w"、"@"、"."等关键符号的时候都会提示邮箱格式不正确。在邮政编码文本框中如果输入的不是6位的邮编，也会提示邮编输入不正确，验证效果如图6-5所示。

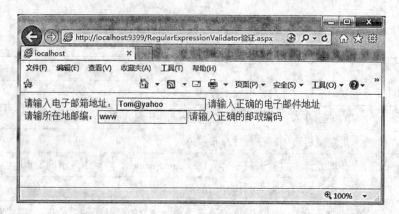

图6-5 RegularExpressionValidator 控件的验证效果

6.6 CustomValidator 控件

有时候通过上述验证控件并不能满足开发者对数据验证的需求,这就需要开发人员根据自己项目的实际需求来编写一些特定功能的验证函数。ASP.NET 为开发者提供了 CustomValidator 控件,可以自定义数据验证函数。CustomValidator 自定义验证控件的常用属性见表 6-5。

表 6-5 **CustomValidator 控件的常用属性**

属性	描 述
ClientValidationFunction	获取或设置用于验证的自定义客户端脚本函数的名称
ControlToValidate	获取或设置要验证的输入控件
Display	验证控件的显示行为,取值与 RequiredFieldValidator 控件相同
Enabled	该值指示是否启用验证控件,布尔值
ErrorMessage	获取或设置验证失败时,ValidationSummary 控件中显示的错误信息的文本
ForeColor	获取或设置验证失败后显示的消息的颜色
IsValid	获取或设置一个值,该值指示关联的输入控件是否通过验证,布尔值
OnServerValidate	获取或设置被执行的服务器端验证脚本函数的名称
Text	获取或设置验证失败时验证控件中显示的文本内容

【示例 6-5】 在用户注册网站时,用户名往往要求不能太短也不能太长,而密码一般不能太短,如不能少于 4 个字符,使用 CustomValidator 控件可实现这一验证。

①启动 Visual Studio 2010,在"示例 chap06"项目中,添加新的窗体,命名为 "CustomValidator 验证.aspx",页面文件表单内代码如下:

```
<div>
请输入用户名:<asp:TextBox runat="server" ID="txtName"></asp:TextBox>
<asp:CustomValidator runat="server" ID="ValidateName"
ControlToValidate="txtName" ErrorMessage="用户名长度大于2且不超过10位"
onservervalidate="ValidateName_ServerValidate" ForeColor="Red" >
</asp:CustomValidator><br />
请输入密码:<asp:TextBox runat="server" ID="txtPSW"></asp:TextBox>
<asp:CustomValidator runat="server" ID="ValidatePSW" ControlToValidate="txtPSW"
ErrorMessage="密码长度不小于6位" ForeColor="Red"
onservervalidate="ValidatePSW_ServerValidate"></asp:CustomValidator><br />
<asp:Button runat="server" ID="btnpost" Text="注　册" onclick="btnpost_Click" />
```

```
            <asp:Label runat="server" ID="labMessage" ForeColor="Red"></asp:Label>
        </div>
```

②代码隐藏文件中,对用户名文本框内容验证的自定义验证控件(ID="ValidateName")的事件代码如下:

```
protected void ValidateName_ServerValidate(object source, ServerValidateEventArgs args){
            string name = txtName.Text.Trim();
            if(name.Length <= 10 && name.Length > 2) {
                labMessage.Text = "用户名合法"; }
            else{
                labMessage.Text = "";
                args.IsValid = false; }
        }
```

③代码隐藏文件中,对密码文本框内容验证的自定义验证控件(ID="ValidatePSW")的事件代码如下:

```
protected void ValidatePSW_ServerValidate(object source, ServerValidateEventArgs args){
            string name = txtName.Text.Trim();
            if(name.Length >6) {
                labMessage.Text = "用户名合法";}
            else{
                args.IsValid = false;}
        }
```

④"注册"按钮的单击事件代码如下:

```
protected void btnpost_Click(object sender, EventArgs e) {
            string name = txtName.Text.Trim();
            string psw = txtPSW.Text.Trim();
            if(name.Length <= 10 && name.Length > 2 && psw.Length >= 6){
                labMessage.Text = "OK!"; }
            else{
                labMessage.Text = "";}
        }
```

说明:如果要创建 CustomValidator 控件的服务器端验证函数,首先要为执行验证的 ServerValidate 事件提供处理程序。通过将 ServerValidateEventArgs 对象的 Value 属性作为参数传递到事件处理程序,可以访问来自要验证的输入控件的字符串。验证结果随后将存储在 ServerValidateEventArgs 对象的 IsValid 属性中,如果验证失败则该属性值为 false。source 参数是对引发此事件的自定义控件的引用。

⑤运行程序,在页面内输入不符合的用户名或输入不符合要求的密码时,验证效果界面如图6-6(b)所示,两者都符合要求则验证失败的信息不显示,文本框内显示"OK",如图6-6(b)所示。

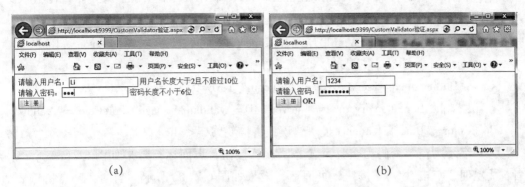

图 6-6　CustomValidator 控件验证效果图

6.7　ValidationSummary 控件

ValidationSummary 控件用于在网页、消息框或在这两者中内联显示所有验证错误的摘要。ValidationSummary 控件的常用属性见表 6-6。

表 6-6　**ValidationSummary 控件的常用属性**

属性	描　　述
DisplayMode	获取或设置控件显示摘要的方式，合法值有 3 个：BulletList、List、SingleParagraph
Enabled	规定是否启用验证控件，布尔值
ForeColor	获取或设置验证失败后显示的消息的颜色
HeaderText	获取或设置控件中的标题文本
ShowMessageBox	指示是否在消息框中显示验证摘要，布尔值
ShowSummary	规定是否显示验证摘要，布尔值

【示例 6-6】　在示例 6-1 的登录页面中，利用 ValidationSummary 控件查看错误摘要。

①启动 Visual Studio 2010，在"示例 chap06"项目中，添加新的窗体，并命名为"ValidationSummary 控件.aspx"，表单内代码如下：

```
<div>
    请输入用户名：<asp：TextBox runat="server" ID="uName"></asp：TextBox>
    <asp：RequiredFieldValidator runat="server" ID="nameValiidate"
    ControlToValidate="uName" ErrorMessage="用户名不能为空" ForeColor="Red">
    </asp：RequiredFieldValidator><br />
```

请输入用户密码：<asp：TextBox runat="server" ID="passWord"></asp：TextBox>
<asp：RequiredFieldValidator runat="server" ID="passWordValidate" ControlToValidate="passWord" ErrorMessage="密码不能为空" ForeColor="Red">
</asp：RequiredFieldValidator>
<asp：Button runat="server" ID="btnLogin" Text="登　录" />
<asp：ValidationSummary runat="server" ID="validateMessage" ForeColor="Yellow" BackColor="Blue" HeaderText="错误报告摘要" /></div>

②用户名不为空，密码为空时，点击"登录"按钮，页面运行效果如图6-7(a)所示，当二者都为空时，点击"登录"按钮，页面运行效果如图6-7(b)所示。当两者都有值输入后，错误摘要和验证失败消息不提示。

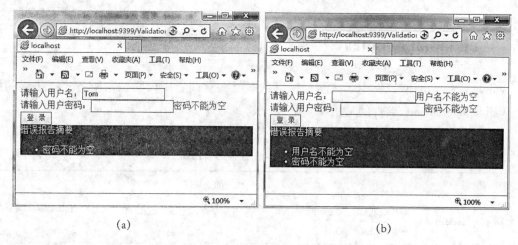

图6-7　ValidationSummary控件获取错误摘要后运行效果图

6.8　复习题

1. 简述 ASP.NET 数据验证的两种方式。
2. 对于下面用户输入的信息，应采用什么类型的 ASP.NET 验证控件：
(1)学生成绩；
(2)用户出生日期；
(3)用户电话号码。

第 7 章 数据源控件

数据访问的关键在于安全和高效,ASP.NET 在提高数据访问安全和效率方面进行了卓有成效的改进,其中,最引人注目的就是使用数据源控件实现数据绑定技术,通过数据源控件可以更加轻松地访问数据库数据,很大限度地提高了开发效率。

本章重点:
- SqlDataSource 控件;
- ObjectDataSource 控件;
- AccessDataSource 控件。

7.1 数据源控件概述

ASP.NET 的数据源控件主要用于从不同的数据源获取数据,包括连接到数据源、使用 SQL 语句获取和管理数据等。数据源控件能连接到不同类型的数据源,如数据库、XML 文件或中间层业务对象,从中检索数据,并使得其他控件可以绑定到数据源而无需代码。数据源控件还支持修改数据。数据源控件模型是可扩展的,开发人员还可以创建自己的数据源控件,实现与不同数据源的交互,或为现有的数据源提供附加功能。

ASP.NET 包含支持不同数据绑定方案的数据源控件,表 7-1 描述了内置的数据源控件的作用。

表 7-1　　　　　　　　　　ASP.NET 的数据源控件的作用

数据源控件	描述
LinqDataSource	标记在 ASP.NET 网页中使用语言集成查询(LINQ),从数据对象中检索和修改数据,支持自动生成选择、更新、插入和删除命令、排序、筛选和分页
EntityDataSource	绑定到基于实体数据模型(EDM)的数据,支持自动生成更新、插入、删除和选择
ObjectDataSource	使用业务对象或其他类,以及创建依赖中间层对象管理数据的 Web 应用程序
SqlDataSource	使用 Microsoft SQL Server、OLE DB、ODBC 或 Oracle 数据库。与 SQL Server 一起使用时支持高级缓存功能,当数据作为 DataSet 对象返回时,此控件还支持排序、筛选和分页
AccessDataSource	使用 Microsoft Access 数据库,当数据作为 DataSet 对象返回时,支持排序、筛选和分页

续表

数据源控件	描 述
XmlDataSource	允许使用 XML 文件，特别适用于分层的 ASP.NET 服务器控件，如 TreeView 或 Menu 控件。支持使用 XPath 表达式来实现筛选功能，并允许对数据应用 XSLT 转换
SiteMapDataSource	类似于 XmlDataSource，只是专门为站点导航使用而做了优化。数据源默认是以 .sitemap 为扩展名的 XML 文件

数据源控件仅作为 ASP.NET 和库之间的桥梁。它只能检索数据库的数据，但不具有显示数据的能力，要显示数据，就要使用其他控件，如 DropDownList，GridView 等。

7.2 SqlDataSource 控件

SqlDataSource 控件是使用 SQL 命令来检索和修改数据的，该控件可用于 Microsoft SQL Server、OLE DB、ODBC 和 Oracle 数据库，并将结果以 DataReader 或 DataSet 对象返回。

SqlDataSource 控件的常用属性见表 7-2。

表 7-2　　　　　　　　　　SqlDataSource 控件的常用属性

属性	描 述
ConnectionString	用于获取或设置到数据库而使用的字符串，通常我们将字符串保存到 Web.config 文件中
EnableCaching	获取或设置一个布尔值，用于确定是否启用 SqlDataSource 控件的数据缓存功能，默认值是 true
ProviderName	获取或设置 SqlDataSource 控件数据源时所使用的提供程序名称。.NET 框架包含了 5 个提供程序，默认值是 System.Data.SqlClient
InsertCommand	获取或设置用于为数据库添加数据记录的 SQL 语句或者存储过程
DeleteCommand	获取或设置用于为数据库删除数据记录的 SQL 语句或者存储过程
SelectCommand	获取或设置用于为数据库选择数据记录的 SQL 语句或者存储过程
UpdateCommand	获取或设置用于为数据库更新数据记录的 SQL 语句或者存储过程

SqlDataSource 控件的常用方法见表 7-3。

表 7-3　　　　　　　　　　SqlDataSource 控件的常用方法

方法	描 述
Insert	根据 InsertCommand 及其参数，执行一个添加操作
Delete	根据 DeleteCommand 及其参数，执行一个删除操作
Select	根据 SelectCommand 及其参数，执行一个选择操作，从数据库中获取数据记录
Update	根据 UpdateCommand 及其参数，执行一个更新操作

7.2 SqlDataSource 控件

SqlDataSource 控件的常用事件见表 7-4。

表 7-4　　　　　　　　　　**SqlDataSource 控件的常用事件**

事件	描　　述
Deleted	该事件在删除操作完成后发生，可用于验证删除操作的结果
Deleting	该事件在删除操作进行前发生，可用于取消删除操作
Inserted	该事件在添加操作完成后发生，可用于验证添加操作的结果
Inserting	该事件在添加操作进行前发生，可用于取消添加操作
Selected	该事件在选择操作完成后发生，可用于验证选择操作的结果
Selecting	该事件在选择操作进行前发生，可在相关事件处理程序中验证、修改参数值
Updateed	该事件在更新操作完成后发生，可用于验证更新操作的结果
Updating	该事件在更新操作进行前发生，可用于取消更新操作

【示例 7-1】 SqlDataSource 控件的使用。

如前面所述，数据源控件不能显示数据，要与数据显示控件结合使用才可以，这里可借助数据绑定控件 GridView 控件在页面上来显示获取的数据，有关 GridView 控件的详细用法，在后面的章节里还会专门介绍。

① 启动 Visual studio 2010，创建新的 Web 应用程序，项目与解决方案均命名为 "chap07"。

② 在新建的 "chap07" 项目中，添加一个新的名为 "SqlDataSource 控件.aspx" 的窗体。

③ 打开 SqlDataSource 控件.aspx 文件，在 "设计" 视图下，从工具箱中分别找到 SqlDataSource 和数据绑定控件 GridView，拖放到页面中适当的位置，如图 7-1 所示。

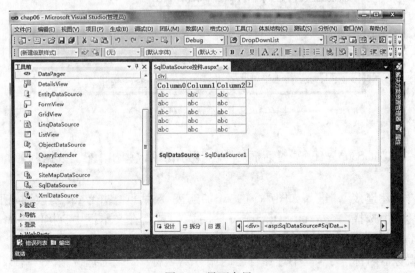

图 7-1　界面布局

④选择 GridView 控件,在其右侧边框有一个向右的小三角,单击它,弹出"GridView 任务"对话框,如图 7-2 所示,在"选择数据源"下拉列表中选择"SqlDataSource1"。

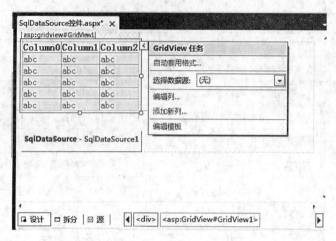

图 7-2　GridView 任务列表

⑤选择 SqlDataSource1 控件,在其右侧边框有一个向右的小三角,单击它,弹出"SqlDataSource 任务"对话框,如图 7-3 所示。

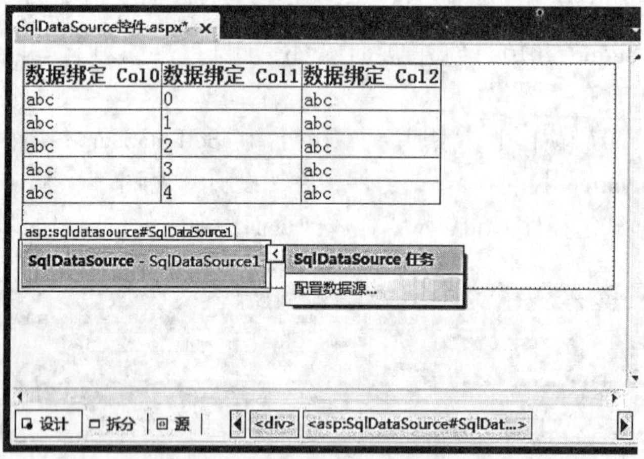

图 7-3　SqlDataSource 任务列表

⑥单击"SqlDataSource 任务"对话框的"配置数据源",弹出"配置数据源"对话框,如图 7-4 所示。

⑦单击"新建连接",进入如图 7-5 的"添加连接"对话框,并单击"更改"按钮,在"更改数据源"对话框中选择"Microsoft SQL Server"(图 7-6)或者在文本框中直接输入 Microsoft SQL Server(SqlClient)。

⑧在"服务器名称"文本框中选择自己的服务器名称,在"选择或输入一个数据库名称"下拉框中选择需要操作的数据库名称,最后点击"确定"按钮,返回如图 7-7 所示的"配置数据源"对话框中。

7.2 SqlDataSource 控件

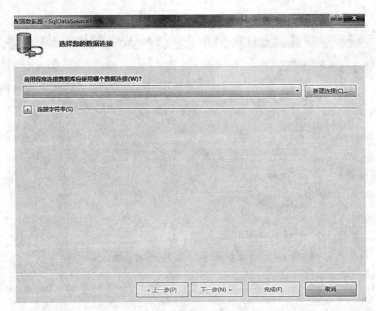

图 7-4 "配置数据源"对话框

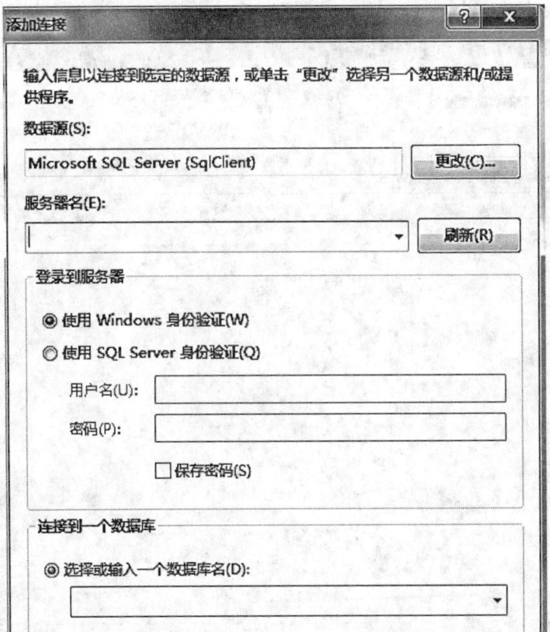

图 7-5 "添加连接"对话框

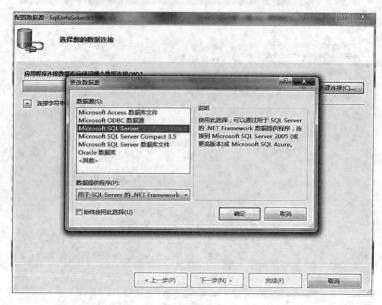

图 7-6 "更改数据源"对话框

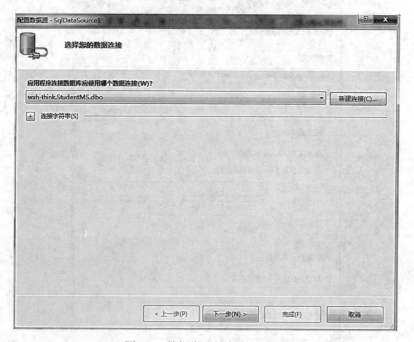

图 7-7 数据库选择完成对话框

⑨此时在"应用程序连接数据库应使用哪个数据连接"下拉列表中就会出现上一步骤中选择的数据库名称,单击"下一步",进入如图 7-8 所示的字符串连接对话框中,勾选"是,将此连接另存为"多选框,然后单击"下一步",进入如图 7-9 所示的"配置 Select 语句"对话框。

7.2 SqlDataSource 控件

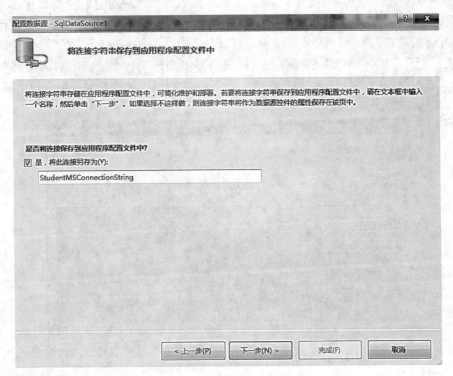

图 7-8 保存连接字符串对话框

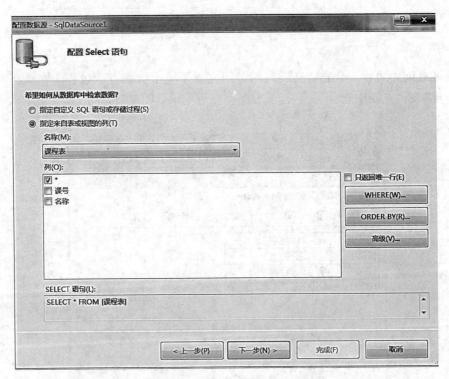

图 7-9 "配置 Select 语句"对话框

⑩在"配置 Select 语句"对话框中,在"指定来自表或视图的列(T)"下拉框中选择需要查询的数据库中的表,此时可以通过点击右侧"WHERE(W)"按钮,用户可以根据自己的需求加入查询条件,也可以进行排序及其他高级操作,本示例中查询不需要条件查询,选择" * ",表示所有字段,然后单击"下一步"即可,弹出如图 7-10 所示的"测试查询"对话框,单击"测试查询"按钮,测试查询是否成功,图 7-10 为测试连接成功,否则会弹出错误提示。

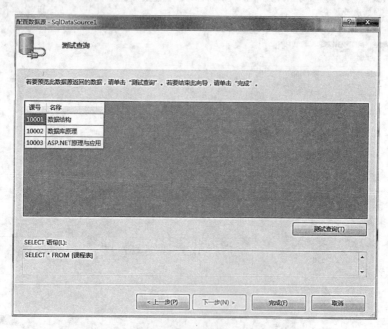

图 7-10　"测试查询"对话框

⑪测试查询成功后,单击"完成"按钮,即完成了整个数据查询过程。在页面文件中通过鼠标右键"在浏览器中查看",运行该程序,显示效果如图 7-11 所示。

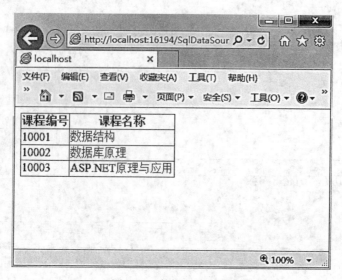

图 7-11　数据查询结果

通过上述示例，可以看出 SqlDataSource 数据源控件的功能很强大，利用 SqlDataSource 数据源控件，只需要按照程序提示配置正确的连接和数据库信息，定义简单的 SQL 语句，不用手写代码，甚至连数据提供程序都不需要定义，就实现了数据的操作。

应当说明，SqlDataSource 数据源控件本质上是对 ADO.NET 托管数据提供程序的进一步包装。因为 ADO.NET 托管数据提供程序提供了对 Microsoft SQL Server、OLE DB、ODBC 或 Oracle 等各类数据库的访问，所以 SqlDataSource 数据源控件能够从 ADO.NET 托管数据提供程序支持的数据源中检索数据。

7.3 ObjectDataSource 控件

ObjectDataSource 控件是另外一个重要的数据源控件，与 SqlDataSource 控件用于直接连接数据库不同，ObjectDataSource 控件的数据源是一个符合一定规范的类（包含一些特殊的方法成员），因此，通常用来指定一个业务层的对象。

在 ASP.NET 程序中，常见的应用程序设计是将表示层与业务逻辑分开，将业务逻辑封装到业务对象中，业务对象在表示层和数据层之间构成一个独特的层，从而得到一个 3 层应用程序结构。采用分层方式设计应用程序，使得每一层相对独立，可以单独修改，整个程序易于扩展、维护，等等。ObjectDataSource 控件使用反射创建业务对象的实例，并调用这些实例的方法如检索、更新、插入和删除等完成数据操作。另外，ObjectDataSource 控件使开发人员不仅保留它们的 3 层应用程序结构，还能使用 ASP.NET 数据源控件。

ObjectDataSource 控件的常用属性见表 7-5。

表 7-5　　　　　　　　　　ObjectDataSource 控件的常用属性

属性	描述
InsertMethod	获取或设置一个在控件中实现数据添加的方法名称，默认值为空
DeleteMethod	获取或设置一个在控件中实现数据删除的方法名称，默认值为空
SelectMethod	获取或设置一个在控件中实现数据选择的方法名称，默认值为空
UpdateMethod	获取或设置一个在控件中实现数据更新的方法名称，默认值为空
CacheDuration	获取或设置由 SelectMethod 属性值所指定方法返回的缓存数据在内存中存储的时间。单位为秒，默认值为无限大

ObjectDataSource 控件的常用方法见表 7-6。

表 7-6　　　　　　　　　　ObjectDataSource 控件的常用方法

方法	描述
Insert	根据 InsertMethod 指定的方法及其参数，执行一个添加操作
Delete	根据 DeleteMethod 指定的方法及其参数，执行一个删除操作

续表

方法	描述
Select	根据 SelectMethod 指定的方法及其参数,执行一个选择操作,以实现从数据库中获取数据记录
Update	根据 UpdateMethod 指定的方法及其参数,执行一个更新操作

除了上述属性与方法外,ObjectDataSource 控件还有一些常用事件,主要包括 Deleted、Deleting、Inserted、Inserting、Selected、Selecting、Updateed、Updating 等,与 SqlDataSource 控件的常用事件是一致的,这里不再赘述。

【示例 7-2】 ObjectDataSource 控件的使用。

① 启动 Visual Studio 2010,打开"chap07"项目,新建一个窗体名为"ObjectDataSource 控件.aspx"页面。

② 在"chap07"项目目录下新建文件夹,并命名为"AppCode",如图 7-12 所示。

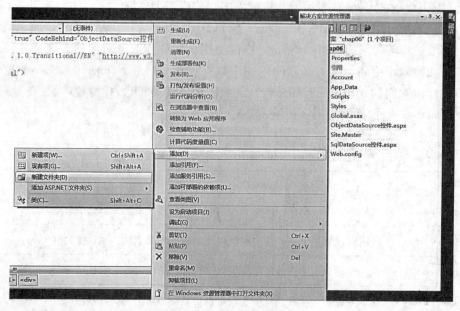

图 7-12 添加文件夹

③ 右键单击"AppCode"文件夹,在弹出的菜单中选择"添加"|"新建项"命令,弹出如图 7-13 所示的窗口,在 Visual C#节点下,选择"类"模板,创建一个新的名为"helper.cs"的类文件。

④ 打开 helper.cs 文件,添加一个命名空间 using System.Data.SqlClient 和 using System.Data;,然后在该类文件中添加一个名为 GetDate 的方法成员,其返回类型是 DataTable 类型。

```
public class helper {
    public string strconn;
    public helper( )
```

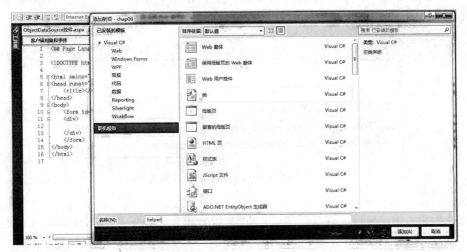

图 7-13　在项目中添加新的类文件

//连接字符串

strconn = "Data Source = wxh-THINK; Initial Catalog = StudentMS; Integrated Security = True";
　　}

　　//查询数据的方法
　　public DataSet GetData( ){
　　//需要用到的查询语句
　　string sql = "select * from 课程表";
　　//实例化一个新的连接 SqlConnection 类
　　SqlConnection conn = new SqlConnection(strconn);
　　//打开连接
　　conn.Open( );
　　//实例化 SqlDataAdapter 类并为其指定查询语句和所用连接
　　SqlDataAdapter adp = new SqlDataAdapter(sql, strconn);
　　//实例化一个数据集 DataSet
　　DataSet dst = new DataSet( );
　　//填充数据集中的表
　　adp.Fill(dst,"课程表");
　　return dst.Tables["课程表"]; }
}

上述代码为了便于理解有些做了注释，学过 B/S 结构的读者对上述代码就比较容易理解，对于初接触 ASP.NET 的读者可能有一些难度，这并不是本节的重点，代码中各个部分的作用和使用方法在后面章节会做详细介绍。

⑤打开网站目录下的"ObjectDataSource 控件.aspx"页面文件，在"设计"视图状态下，用鼠标拖动的方法给界面分别添加一个 ObjectDataSource 控件和一个 ListBox 控件。

⑥选择 ObjectDataSource 控件右侧边框处向右的小三角并单击,弹出"ObjectDataSource 任务"列表,如图 7-14 所示。

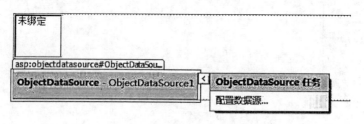

图 7-14　ObjectDataSource 的任务列表框

⑦点击"ObjectDataSource 任务"列表中的"配置数据源"命令,弹出如图 7-15 的"选择业务对象"对话框。

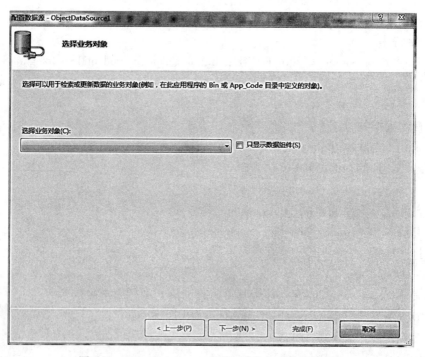

图 7-15　ObjectDataSource 的"选择业务对象"对话框

⑧在"选择业务对象"对话框下拉框中,选择"chap07. AppCode. helper",然后点击"下一步",弹出如图 7-16 的"定义数据方法"对话框。

⑨在"定义数据方法"对话框中选择"SELECT"选项卡,单击"完成"按钮,完成数据源配置。

⑩进入"ObjectDataSource 控件.aspx"页面,单击 ListBox 控件右侧的小三角,弹出"ListBox 任务"列表。

⑪单击"选择数据源"命令,弹出如图 7-17 所示的"数据配置向导"对话框,在该对话框的"选择数据源"下拉列表中选择 ObjectDataSource1 选项,在"选择要在 ListBox 中显示的数

7.3 ObjectDataSource 控件

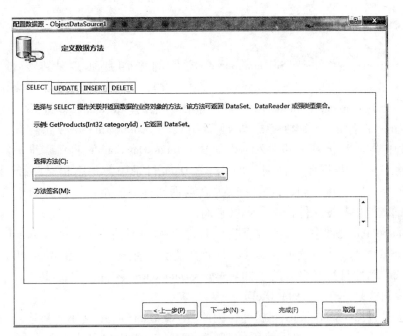

图 7-16 "数据定义方法"对话框

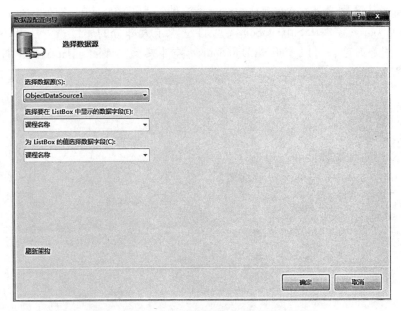

图 7-17 ListBox 的"数据源配置向导"对话框

据字段"下拉框中选择"课程名称",在"为 ListBox 的值选择数据字段"下拉框中选择"课程名称"。

⑫运行该程序,在浏览器中查看到的效果与示例 7-1 中的效果一样。

107

7.4 AccessDataSource 控件

AccessDataSource 控件是 SqlDataSource 控件的专用版本，是专为使用 Microsoft Access.mdb 文件而设计的。与 SqlDataSource 控件一样，可以使用 SQL 语句来定义控件获取和检索数据的方式。AccessDataSource 控件和前面讨论的 SqlDataSource 控件用法基本相同。AccessDataSource 控件的一个独特之处是不用设置 ConnectionString 属性，而只需要在 DataFile 属性中设置 Access(.mdb)文件的位置，AccessDataSource 将负责维护数据库的基础连接。应该将 Access 数据库放在网站的 App_Data 目录中，并用相对路径（如 ~/App_Data/Northwind.mdb）引用它们，这样可以提高数据文件的安全性，因为如果直接由客户端 Web 浏览器请求这些数据文件，不会提供它们。

在 SqlDataSource 控件中，设置数据提供程序名称的属性是 ProviderName 属性，该属性在 SqlDataSource 中是一个可读可写属性，其属性值有多种选择，而在 AccessDataSource 控件中 ProviderName 属性与其有很大的不同。AccessDataSource 控件的 ProviderName 属性被继承并重写，其值只能是 System.Data.OleDb。

由于无法设置 ConnectionString 属性，因此 AccessDataSource 类不支持连接到受用户名或密码保护的 Access 数据库。如果使用的 Access 数据库受用户名或密码保护，那么就要使 SqlDataSource 控件连接到数据库，以便可以指定完整的连接字符串。

除了上面所述区别之外，AccessDataSource 控件和 SqlDataSource 控件的使用方法基本相同。AccessDataSource 控件从 SqlDataSource 控件继承了大部分的属性、方法和事件，其定义和使用方法均没有改变，可以参阅 SqlDataSource 控件来类比 AccessDataSource 控件，这里就不再赘述。

7.5 复习题

1. ASP.NET 数据源控件的作用是什么？
2. 简述 SqlDataSource 控件配置数据源的一般过程。

第 8 章 ADO.NET 数据库访问

ADO.NET 是由微软公司开发出来的在.NET Framework 中负责数据操作的类库集,它由 COM 组件的 OLE DB 技术以及.NET Framework 类库发展而来。它可以使用.NET 的任何编程语言连接并访问关系数据库和非数据库型数据源(如 XML、Excel 或文本数据)。ADO.NET 并不是 ADO 的新版本,而是一个全新的架构、产品和理念。

本章重点:
- Connection 对象、Command 对象、DataReader 对象、DataAdapter 对象和 DataSet 对象;
- 简单数据的增、删、改、查操作。

8.1 ADO.NET 概述

ADO.NET 由保持连接数据源以及脱机数据模型(disconnected data model)两个部分构成,这两个部分是相辅相成的。ADO.NET 用于连接到数据库、执行命令和检索结果的保持连接模式的数据访问是通过.NET Framework 数据提供程序来实现的。这些结果或者被直接处理,放在 ADO.NET DataSet 对象中以便通过特别的方式向用户公开,并与来自多个源的数据组合;或者在层之间传递。ADO.NET 脱机数据模式是通过 DataSet 对象完成的,DataSet 对象也可以独立于.NET Framework 数据提供程序,用于管理应用程序本地的数据或源自 XML 的数据。

8.1.1 .NET Framework 数据提供程序

.NET Framework 数据提供程序是专门为数据操作以及快速、只进、只读访问数据而设计的组件。.NET Framework 数据提供程序是轻量的,它在数据源和代码之间创建最小的分层,并在不降低功能性的情况下提高性能。表 8-1 给出了.NET Framework 中所包含的数据提供程序。

表 8-1   .NET Framework 中所包含的数据提供程序

.NET 数据提供程序	描 述
SQL Server 数据源	属于 System.Data.SqlClient 命名空间,可以提供对 Microsoft SQL Server 7.0 或更高版本中数据的访问
OLE DB 数据源	属于 System.Data.OleDb 命名空间,可以提供对使用 OLE DB 公开的数据源中数据的访问

续表

.NET 数据提供程序	描述
ODBC 数据源	属于 System.Data.Odbc 命名空间，提供 ODBC 公开的数据源中数据的访问
Oracle 数据源	属于 System.Data.OracleClient 命名空间，用于 Oracle 数据源
EntityClient 提供程序	使用 System.Data.EntityClient 命名空间，提供对实体数据模型（EDM）应用程序的数据访问

.NET Framework 数据提供程序主要包含 4 个核心对象，其中 Connection 对象用于提供到数据源的连接，Command 对象可以访问用于返回数据、修改数据、运行存储过程以及发送或检索参数信息的数据库命令。DataReader 可从数据源提供高性能的数据流，DataAdapter 在 DataSet 对象和数据源之间起到桥梁作用。DataAdapter 使用 Command 对象在数据源中执行 SQL 命令以向 DataSet 中填充数据，并将对 DataSet 中数据的更改协调回数据源。这些数据访问对象将在后面的章节中做重点详细介绍。除此之外，.NET Framework 数据提供程序还包含下表中列出的类，见表 8-2。

表 8-2   .NET Framework 数据提供程序的类

类	说　明
Transaction	使用 System.Transactions 命名空间，将命令加载到数据源处的事务中，所有 Transaction 对象的基类均属于 DbTransactions 类
CommandBuilder	它自动生成 DataAdapter SQL 代码填充 Command 对象的 Parameters 集合，所有 CommandBuilder 对象的基类均为 DbCommandBuilder 类
ConnectionStringBuilder	提供一个用于创建和管理由 Connection 对象使用的连接数据库的字符串，所有 ConnectionStringBuilder 对象的基类均为 DbConnectionStringBuilder 类
Parameter	定义数据操作过程中，SQL 命令和存储过程的输入、输出和返回值参数，Parameter 对象的基类均为 DbParameter 类
Exception	程序执行过程中，在数据源中遇到错误，所有 Exception 对象的基类均为 DbException 类
Error	公开数据源返回的警告或错误中的信息
ClientPermission	用于 .NET Framework 数据提供程序，帮助确保用户具有足够的安全级别来访问数据源，所有 ClientPermission 对象的基类均为 DBDataPermission 类

SQL Server 的 .NET Framework 数据提供程序是轻量的且性能良好，由于对该数据提供程序进行了优化，可直接访问 SQL Server，而无需添加 OLE DB 或开放式数据库连接（ODBC）层。用于 OLE DB 的 .NET Framework 数据提供程序通过 OLE DB 服务组件和用于数据源的 OLE DB 访问接口与 OLE DB 数据源进行通信，并支持本地事务和分布式事务。对于分布式事务，用于 OLE DB 的 .NET Framework 数据提供程序在默认情况下会自动在事务中登记，并从 Windows Component Services 中获取详细事务信息。

8.1.2　ADO.NET DataSet

DataSet 是 ADO.NET 脱机数据模型的核心之一，可将它当成内存中的一个虚拟数据库，它是由多个 DataTable 构成，并且利用关系与限制方式来设置数据的完整性，同时也支持与 XML 的交互。DataSet 是不依赖于数据库的独立数据集合，专门为独立于任何数据源的数据访问而设计的。因此，它可以用于多种不同的数据源，用于 XML 数据，或用于管理应用程序本地的数据。

DataSet 是独立存在的数据集合，与之相关的对象还包括 DataTable，可将它看作一个数据表，是存储数据的收纳器。DataRow 表示表格中的数据行，与数据栏组合成数据存储的单元。DataColumn 表示表格中的字段。这些重要数据操作对象将在后续章节逐一介绍。

8.2　ADO.NET 中常用的对象

用于 ADO.NET 数据访问的对象除上述 .NET Framework 数据提供程序的 4 个核心对象即 Connection 对象、Command 对象、DataReader 对象、DataApdapter 对象外，还包括 ADO.NET 中最核心的 DataSet 对象。在数据操作过程中往往还需要加入一些数据操作的条件，这些条件在程序中是通过 parameter 对象来实现的。使用这些数据提供程序可以对数据进行检索和相关操作，以实现对数据的检索、删除、添加。

8.2.1　Connection 对象

任何类型的数据操作，首先都要建立应用程序与数据库之间的连接，Connection 对象就是用于创建应用程序与不同数据的连接。Connection 对象用来连接数据源，针对不同的数据库连接模式，Connection 有以下 4 种形式：

- SqlConnection：位于 System.Data.SqlClient 命名空间，用于访问 SQL Server 数据源；
- OracleConnection：位于 System.Data.OracleClient 命名空间，用于访问 Oracle 数据源；
- OleDbConnection：位于 System.Data.OleDbClient 命名空间，该对象可以连接任何类型的数据库；
- OdbcConnection：位于 System.Data.OdbcClient 命名空间，用于访问 Odbc 数据源。

下面以 SqlConnection 类为例介绍 Connection 对象的使用。表 8-3 和表 8-4 分别列出了 SqlConnection 类的常用属性和方法。

表 8-3　　　　　　　　　　　　SqlConnection 类的常用属性

属性	描述
ConnectionString	打开或连接数据库的字符串
ConnectionTimeout	尝试建立连接时终止并生成错误之前所有等待的时间
Database	连接的数据库名称
DataSource	连接的 SQL Server 实例名称
State	连接的当前状态，如 Open、Closed、Closing 等

表 8-4　　　　　　　　　　　　**SqlConnection 类的常用方法**

方法	说　　明
BeginTransaction	开始数据库事务管理
Close	关闭当前对数据库的连接
CreateCommand	创建并返回一个与该连接相关的 Command 对象
ChangeDatabase	更改当前打开的 Connection 对象的数据库
Open	打开对数据库的连接

ConnectionString 属性可设置或返回用于建立到数据源的连接的信息，该属性有 5 个参数，见表 8-5。

表 8-5　　　　　　　　　　　　**ConnectionString 属性的参数**

参数	描　　述
Data Source/Server	SQL Server 服务器的名称，可以是 local、localhost，也可以是具体的数据库名称
Initial Catalog	SQL Server 数据库名称
Integrated Security	确定连接是否安全，值可以是 true、false 或 SSPI，用于 SQL Server 数据库的 Windows 身份验证连接
User ID	用于登录需要连接的 SQL Server 账户
Password	SQL Server 账户的密码

下面的代码以 Windows 身份验证连接到 SQL Server 数据库的连接字符串配置：
"Data Source = LZK-THINK；Initial Catalog = HOspitalDB；Integrated Security = True"
下面的代码是 SQL Server 账户连接到 SQL Server 数据库的连接字符串配置：
"Data Source = LZK-THINK；Initial Catalog = HOspitalDB；User ID = sa；Password = 666"
在程序中要想使用 SqlConnection，首先就要将它实例化，ASP. NET 提供了两个构造函数，用于初始化 SqlConnection 类，分别为：
public SqlConnection( ) ;
public SqlConnection(string connectionString) ;
下面以下 Windows 身份验证连接到 SQL Server 数据库为例，说明 SqlConnection 类的使用。

【示例 8-1】　使用 SqlConnection 登录 SQL Server 数据库。

①启动 Visual Studio 2010，新建 Web 应用程序，将解决方案与项目命名为"chap08"，在项目中添加名为"SqlConnection 测试. aspx"的新窗体。

②在"SqlConnection 测试. aspx"页面的表单内输入如下代码：
```
<div>
    <asp：Button runat = " server" ID = " btnConn" Text = " 测　试" onclick = " btnConn_
```

Click"/>
    <asp：Label runat="server" ID="labMesg" Font-Bold="true" ForeColor="Red">
    </asp：Label>
    </div>

③在 SqlConnection 测试.aspx.cs 导入命名空间：

using System.Data.SqlClient；

④对"btnConn"按钮的单击事件编写如下代码：

protected void btnConn_Click(object sender，EventArgs e){
//首先声明 string 类型的连接字符串，并配置各参数
string strConn =
"Data Source = LZK -THINK；Initial Catalog= StudentMS；Integrated Security=True "；
SqlConnection conn = new SqlConnection("strConn")；//使用有参构造函数实例化类
conn.Open()；//打开连接
labMesg.Text = "OK，连接成功!"；//提示连接成功
conn.Close()；//关闭连接 }

⑤在浏览器中运行该程序，初始页面如图 8-1(a)所示，点击"测试"按钮后，页面如图 8-1(b)所示。

(a)

(b)

图 8-1　SQL Server 数据库连接测试

⑥修改以上连接字符串中的任何信息都会导致数据库连接失败，显示信息如图 8-2 所示。

在上述示例初始化 SqlConnection 中使用了有参的构造函数，以提前声明的连接字符串变量作为其参数，也可以直接将连接字符串置于参数的括号中，前者更便于代码的阅读。如果不使用有参构造函数初始化 SqlConnection 类，那么就在实例化后指定 SqlConnection 类的

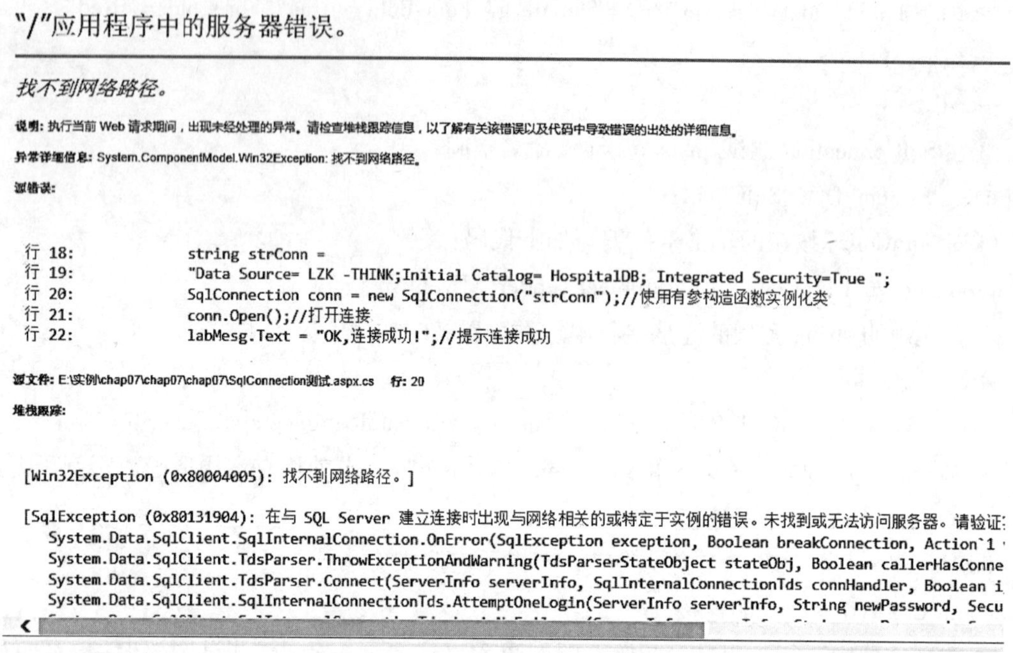

第 8 章 ADO.NET 数据库访问

"/"应用程序中的服务器错误。

找不到网络路径。

说明： 执行当前 Web 请求期间，出现未经处理的异常。请检查堆栈跟踪信息，以了解有关该错误以及代码中导致错误的出处的详细信息。

异常详细信息： System.ComponentModel.Win32Exception: 找不到网络路径。

源错误：

```
行 18:          string strConn =
行 19:          "Data Source= LZK -THINK;Initial Catalog= HospitalDB; Integrated Security=True ";
行 20:          SqlConnection conn = new SqlConnection("strConn");//使用有参构造函数实例化类
行 21:          conn.Open();//打开连接
行 22:          labMesg.Text = "OK,连接成功!";//提示连接成功
```

源文件： E:\实例\chap07\chap07\SqlConnection测试.aspx.cs **行：** 20

堆栈跟踪：

```
[Win32Exception (0x80004005): 找不到网络路径。]

[SqlException (0x80131904): 在与 SQL Server 建立连接时出现与网络相关的或特定于实例的错误。未找到或无法访问服务器。请验证
   System.Data.SqlClient.SqlInternalConnection.OnError(SqlException exception, Boolean breakConnection, Action`1
   System.Data.SqlClient.TdsParser.ThrowExceptionAndWarning(TdsParserStateObject stateObj)
   System.Data.SqlClient.TdsParser.Connect(ServerInfo serverInfo, SqlInternalConnectionTds connHandler, Boolean
   System.Data.SqlClient.SqlInternalConnectionTds.AttemptOneLogin(ServerInfo serverInfo, String newPassword, Secu
```

图 8-2　测试连接失败显示错误提示页面

ConnectionString 属性的值，对于上例中的"测试"按钮的单击事件代码可用下列代码替换：

SqlConnection conn = new SqlConnection( );

conn.ConnectionString = " LZK-THINK; Initial Catalog = StudentMS; Integrated Security = True ";

conn.Open( );

labMesg.Text = "OK，连接成功!";

conn.Close( );

8.2.2　Command 对象

当应用程序与数据库建立连接以后，就需要向数据库发送数据操作命令，Command 对象就是用来发送并执行数据库操作命令的。一个数据库操作命令可以用 SQL 语句来表达，包括选择查询（SELECT 语句）来返回记录集合，执行更新查询（UPDATE 语句）来执行更新记录，执行删除查询（DELETE 语句）来删除记录，等等。Command 命令也可以传递参数并返回值，同时 Command 命令也可以被明确地定界，或调用数据库中的存储过程。用于执行存储过程时需要将 Command 对象的 CommandType 属性设置为 CommandType.StoredProcedure，默认情况下 CommandType 属性为 CommandType.Text，表示执行的是普通 SQL 语句。

与 Connection 对象一样，操作 SQL Server 数据库的是 SqlCommand 对象，SqlCommand 对象的常用属性和方法分别见表 8-6 和表 8-7。

表 8-6　　　　　　　　　　　　**SqlCommand** 对象的常用属性

属性	描述
CommandText	类型为 string，获取或设置对数据库要执行的 SQL 语句
Connection	获取或设置此 SqlCommand 对象要使用的 SqlConnection 的实例
CommandType	获取或设置 SqlCommand 对象执行命令的类型
ConnectionTimeOut	类型为 int，终止执行命令并生成错误之前的等待时间
Parameters	设置 SqlCommand 参数

表 8-7　　　　　　　　　　　　**SqlCommand** 对象的常用方法

方法	描述
ExecuteReader	执行 SQL 命令，返回一个包含数据的 SqlDataReader 对象
ExecuteNonQuery	执行非查询 SQL 语句，并返回受影响行数
ExecuteScalar	执行查询，并返回结果数据集的第一行第一列的值
ExecuteXmlReader	执行 Xml 语句的查询命令，并返回一个 XmlReader 对象

与 SqlConnection 一样，在使用 SqlCommand 类之前要先实例化，ASP.NET 提供了一些构造函数(表 8-8)，用于该类的初始化。

表 8-8　　　　　　　　　　　　**SqlCommand** 类的构造函数

构造函数	说明
SqlCommand()	无参构造函数初始化 SqlCommand 类
SqlCommand(string CommandText)	使用查询文本进行初始化，参数 CommandText 为查询的文本
SqlCommand(string CommandText, SqlConnection connection)	使用查询文本和 SqlConnection 数据连接对象进行初始化，参数 CommandText 为查询文本，connection 为需要使用的 SqlConnection 类的实例
SqlCommand(string CommandText, SqlConnection connection, SqlTransaction transaction)	使用查询文本、SqlConnection 数据连接对象和要使用的事务处理对象进行初始化，参数 CommandText 为查询文本，connection 为需要使用的 SqlConnection 类的实例，transaction 为需要使用的 SqlTransaction 实例

8.2.3　DataReader 对象

DataReader 对象又称数据读取器，只读、只进的顺向来检索大量的数据流，并在 ExecuteReader 方法执行期间进行实例化。由于它连接的是只向前和只读的结果集，也就是使用它时,数据库连接必须保持打开状态,另外,只能从前往后遍历信息,不能中途停下修改数据。

DataReader 对象作为 ASP. NET 中读取记录的一个比较好的控件,它的最大优点就是速度快,使用频繁,而且在网站访问量很大的情况下,避免了因 DataSet 对象过多地占用内存空间,造成服务器负担过重的情况,从而大大提高了性能。

对于不同的数据源要使用不同的 DataReader 对象,SqlDataReader 用于支持对 SQL Server 数据库读取。SqlDataReader 的常用属性见表 8-9。

表 8-9　　　　　　　　　　　　**SqlDataReader 的常用属性**

属性	描　　述
Connection	获取与 SqlDataReader 相关的 SqlConnection 实例
FieldCount	获取当前数据行的列数,默认值为-1,如果没有有效的记录集,属性值则为 0,否则为当前行中的列数
HasRows	获取一个值,指示该 SqlDataReader 是否包含一个或多个行
IsClosed	表示 SqlDataReader 的实例是否关闭
GetValue(int i)	获取以本机格式表示的指定列的值,i 从零开始的列序号

SqlDataReader 常用的方法 Read 和 Close 两个方法。Read 方法会让记录指针指向本结果集中的下一条记录,返回 bool 类型的值,即 true 或 false。当 SqlCommand 执行 ExecuteReader 方法返回 SqlDataReader 对象后,须用 Read()方法来获得第一条记录,当读好一条记录想获得下一条记录时,也可以用 Read 方法。如果当前记录已经是最后一条,调用 Read 方法将返回 false。也就是说,只要该方法返回 true,则可以访问当前记录所包含的字段。在实际程序中往往使用循环的方式来进行。

因为 SqlDataReader 对象读取数据时需要与数据库保持连接,所以在使用 SqlDataReader 对象读取完数据之后,应该立即调用它的 Close()方法关闭,否则不仅会影响到数据库连接的效率,更会阻止其他对象使用 SqlConnection 连接对象来访问数据库,同时还应该关闭与之相关的 SqlConnection 对象。

DataReader 对象与 Connection 或 Command 对象的不同点在于,该对象的实例化并不是通过 new 关键字来实现的,它是在与之相关的 Command 对象执行 ExecuteReader 方法的时候来创建的。以 SqlDataReader 为例,下面给出了其定义和创建格式:

SqlDataReader reader = SqlCommand. ExecuteReader( );

下面以 SqlCommand 和 SqlDataReader 为例来说明 Command 对象和 DataReader 对象的用法。

【示例 8-2】 使用 SqlCommand 和 SqlDataReader 获取 StudentMS 数据库中 StuInfo 表中的学生信息。

①打开"chap08. sln"解决方案,在"chap08"项目中新建窗体,命名为"Command 和 DataReader. aspx",并在页面文件的表单中添加一个按钮控件,代码如下:

```
<div>
```

```
    <asp：Button runat="server" ID="BtnPost" Text="提交" onclick="BtnPost_Click" />
</div>
```
②打开代码文件，引入命名空间：
using System.Data.SqlClient;
③在"提交"按钮的单击事件中填写如下代码：
```
    protected void BtnPost_Click(object sender,EventArgs e)  {
        //建立连接
        SqlConnection conn = new SqlConnection();
        conn.ConnectionString =
        " LZK-THINK;Initial Catalog= StudentMS; Integrated Security=True ";
        //打开连接
        conn.Open();
        //实例化 SqlCommand 类
        SqlCommand command = new SqlCommand();
        //配置 command 的查询文本和连接
        command.CommandText = "select * from StuInfo";
        command.Connection = conn;
        //执行命令,将结果返回到数据读取器中
        SqlDataReader reader;
        reader = command.ExecuteReader();//执行查询
        //查询到的数据显示到网页中,以表格的形式显示出来
        Response.Write("<table border=1  cellspace=0 >");
        Response.Write("<tr>");
        Response.Write("<td>");
        Response.Write("学号");
        Response.Write("</td>");
        Response.Write("<td>");
        Response.Write("姓名");
        Response.Write("</td>");
        Response.Write("<td>");
        Response.Write("性别");
        Response.Write("</td>");
        Response.Write("<td>");
        Response.Write("入学时间");
        Response.Write("</td>");
        Response.Write("</tr>");
        //以上是表格的头部
        while(reader.Read())//读取下一条记录
        {
            Response.Write("<tr>");
```

```
                Response. Write("<td>");
                Response. Write(reader. GetValue(0). ToString());//GetValue 获取列的值
                Response. Write("</td>");
                Response. Write("<td>");
                Response. Write(reader. GetValue(1). ToString());
                Response. Write("</td>");
                Response. Write("<td>");
                Response. Write(reader. GetValue(2). ToString());
                Response. Write("</td>");
                Response. Write("<td>");
                Response. Write(reader. GetValue(3). ToString());
                Response. Write("</td>");
                Response. Write("</tr>");
            }
            Response. Write("</table>");
            conn. Close();//关闭连接
        }
```

以上各部分代码的意义做了注释，每一部分的含义并不难理解，只是用代码写了前端表格的布局，在以后的章节中会用数据控件绑定字段代替这种形式。

④运行程序，单击"提交"按钮，运行效果如图 8-3 所示。

（图中均为化名）

图 8-3　数据查询结构

8.2.4　Parameter 对象

实际上，ADO. NET 要执行数据操作并不复杂，只需要使用一个数据命令(Command)对象。当在执行删除、更新或插入操作时，并不需要获取全部数据，只需要对符合特定条件的数据进行某些操作即可，再通过这些条件设置 Parameter 对象来完成。Parameter 对象用于提供主要参数的 SQL 查询或存储过程所需的参数，或者从存储过程中返回值。对于 SQL Server 数据源的操作，使用的是 SqlParameter 类，其常用属性见表 8-10。表 8-11 给出了 SqlParameter 类的常用方法。

表 8-10　　　　　　　　　　　　**SqlParameter 类的常用属性**

属性	描述
Direction	获取或设置一个值用于指示参数是只可输入、只可输出、双向还是存储过程返回值参数
IsNullable	获取或设置一个值用于指示参数是否可以为空值
ParameterName	获取或设置 SqlParameter 实例的名称
TypeName	获取或设置表值参数的类型名称
Value	获取或设置该参数的值

表 8-11　　　　　　　　　　　　**SqlParameter 类的常用方法**

方法	描述
Equals(Object)	确定指定的对象是否等于当前对象
GetType	获取当前实例的 Type
ToString	获取一个包含 ParameterName 的字符串

ASP.NET 提供了多个构造函数用于初始化 SqlParameter 类，但是最常用除无参的构造函数外，大多数情况下要在初始化的时候为参数对象指定参数名称及参数值，即下列构造函数：

public SqlParameter(string parameterName, object value);

parameterName 为要映射的参数的名称字符串类型，value 为 Object 类型，它是 SqlParameter 对象的值。

下面以 SqlParameter 为例介绍 Parameter 对象的使用。

【示例 8-3】 更改示例 8-2 的查询，只显示表中女同学信息。

①打开"chap08.sln"解决方案，在"chap08"项目中新建一窗体，命名为"Parameter 对象.aspx"，并在页面文件的表单中添加一个按钮控件与文本框控件，代码如下：

```
<div>
请输入学生性别<asp:TextBox runat="server" ID="txtGender"></asp:TextBox>
    <asp:Button runat="server" ID="BtnPost" Text="提交" onclick="BtnPost_Click" />
</div>
```

②打开代码文件，引入命名空间：

using System.Data.SqlClient;

③在"提交"按钮的单击事件中添加如下代码：

protected void BtnPost_Click(object sender, EventArgs e)　{

```csharp
//建立连接
SqlConnection conn = new SqlConnection();
conn.ConnectionString =
" LZK-THINK;Initial Catalog=StudentMS;Integrated Security=True ";
//打开连接
conn.Open();
//实例化 SqlCommand 类
SqlCommand command = new SqlCommand();
//配置 command 的查询文本和连接实例
command.CommandText = "select * from StuInfo where 性别 = @性别";
command.Connection = conn;
//实例化 SqlParameter,并指定参数名称及参数值
SqlParameter spara = new SqlParameter("@性别",txtGender.Text.Trim());
//将参数实例通过 Add 方法添加到命令执行对象的参数集合中去
command.Parameters.Add(spara);
SqlDataReader reader; //声明 SqlDataReader 变量
reader = command.ExecuteReader();//执行数据查询方法
//查询到的数据显示到网页中,以表格的形式显示出来
Response.Write("<table border=1 cellspace=0 >");
Response.Write("<tr>");
Response.Write("<td>");
Response.Write("学号");
Response.Write("</td>");
Response.Write("<td>");
Response.Write("姓名");
Response.Write("</td>");
Response.Write("<td>");
Response.Write("性别");
Response.Write("</td>");
Response.Write("<td>");
Response.Write("入学时间");
Response.Write("</td>");
Response.Write("</tr>");
//以上是表格的头部
while(reader.Read())//读取下一条记录
{
    Response.Write("<tr>");
    Response.Write("<td>");
```

```
            Response.Write(reader.GetValue(0).ToString());//GetValue 获取列的值
            Response.Write("</td>");
            Response.Write("<td>");
            Response.Write(reader.GetValue(1).ToString());
            Response.Write("</td>");
            Response.Write("<td>");
            Response.Write(reader.GetValue(2).ToString());
            Response.Write("</td>");
            Response.Write("<td>");
            Response.Write(reader.GetValue(3).ToString());
            Response.Write("</td>");
            Response.Write("</tr>");
        }
        Response.Write("</table>");
        conn.Close();//关闭连接
}
```

④运行程序,在初始页面的文本框中输入性别,如图 8-4 所示。

⑤点击"提交"按钮,页面运行效果如图 8-5 所示。

图 8-4 输入查询条件

（图中均为化名）

图 8-5 查询结果

8.2.5 DataAdapter 对象

DataAdapter 对象充当数据库和 ADO.NET 对象模型中非连接对象之间的桥梁,能够用来保存和检索数据。DataAdapter 对象类的 Fill 方法用于将查询结果引入 DataSet 或 DataTable 中，以便能够脱机处理数据。支持 SQL Server 数据源的 DataAdapter 对象为 SqlDataAdapter。该类的常见属性见表 8-12。

表 8-12　　　　　　　　　　**SqlDataAdapter 类的常用属性**

属性	描述
DeleteCommand	获取或设置一个 SQL 语句或存储过程，以从数据集删除记录
InsertCommand	获取或设置一个 SQL 语句或存储过程，以在数据源中插入新的记录
SelectCommand	获取或设置一个 SQL 语句或存储过程，以在数据源中选择查询记录
UpdateCommand	获取或设置一个 SQL 语句或存储过程，用于更新数据源中的记录

SqlDataAdapter 类的常用方法见表 8-13。

表 8-13　　　　　　　　　　**SqlDataAdapter 类的常用方法**

方法	描述
Fill(DataSet)	在 DataSet 中添加或刷新行，返回受影响行数，int 类型
Fill(DataTable)	填充指定的 DataTable 实例，返回受影响行数，int 类型
Fill(DataSet, String)	根据表的名称填充数据集 DataSet 实例
Update(DataSet)	根据指定 DataSet 中的每个已插入、已更新或已删除的行执行进行 DataSet 的调整
Update(DataTable)	根据指定 DataSet 中的每个已插入、已更新或已删除的行执行进行 DataTable 的调整

ASP.NET 提供了多个构造函数，用于初始化 SqlDataAdapter 类，见表 8-14。

表 8-14　　　　　　　　　　**SqlDataAdapter 类的构造函数**

构造函数	描述
SqlDataAdapter()	无参构造构造函数初始化 SqlDataAdapter 类的新实例
SqlDataAdapter(SqlCommand command)	用指定的 SqlCommand 实例初始化 SqlDataAdapter 类
SqlDataAdapter(String text, SqlConnection connection)	使用指定的连接对象和 SqlCommand 文本初始化 SqlDataAdapter 类的一个新实例
SqlDataAdapter(string CommandText, string ConnectionString)	使用连接字符串和 SqlCommand 文本初始化 SqlDataAdapter 类的一个新实例

8.2.6　DataSet 对象

DataSet 是 ADO.NET 脱机式、分布式处理数据的核心对象，属于 System.Data 命名空间下的一个类。DataSet 将从数据源中检索到的数据存于内存的缓存中。因此，DataSet 就像一个数据容器，当从数据源获取到数据后就将这些数据存放于这个容器内，然后断开与数据源的连接，用户仍可以从客户端对数据进行读取、更新等。DataSet 由一组 DataTable 对象组成，可以使这些对象与 DataRelation 对象互相关联，还可以通过使用 UniqueConstraint 和 ForeignKeyConstraint 对象在 DataSet 中实施数据完整性约束。DataSet 对象的结构模型如图 8-6 所示。

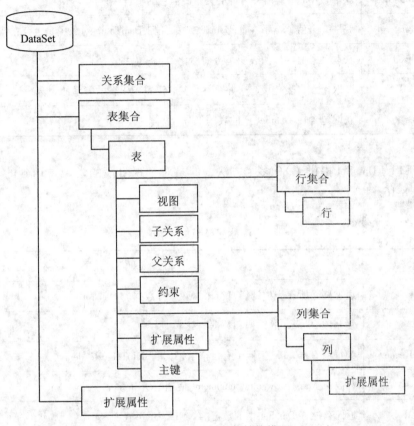

图 8-6　DataSet 对象的结构模型

DataSet 可将数据和架构作为 XML 文档进行读写，可使用 WriteXmlSchema 方法将架构保存为 XML 架构，并且可以使用 WriteXml 方法保存架构和数据。DataSet 满足了分层式程序的需要，实现了在断开连接的情况下对存放在内存中的数据进行操作，提高了系统的性能。DataSet 对象的常用属性见表 8-15。

表 8-15　　　　　　　　　　　　DataSet 对象的常用属性

属性	描述
CaseSensitive	获取或设置一个值，该值指示 DataTable 对象中的字符串比较是否区分大小写
Container	获取组件的容器

续表

属性	描述
DataSetName	获取或设置当前 DataSet 的名称
DefaultViewManager	获取 DataSet 所包含的数据的自定义视图,以允许使用自定义的 DataViewManager 进行筛选、搜索和导航
ExtendedProperties	获取与 DataSet 相关的自定义用户信息的集合
HasErrors	获取一个值,指示在此 DataSet 中的任何 DataTable 对象中是否存在错误
IsInitialized	获取一个值,该值表明是否初始化 DataSet
Relations	获取用于将表链接起来并允许从父表浏览到子表的关系的集合
Tables	获取包含在 DataSet 中的表的集合

ASP.NET 为 DataSet 提供了 80 多个方法,但是对于现阶段的学习常用到的方法也有十几个,见表 8-16。

表 8-16　　　　　　　　　　　DataSet 的常用方法

名称	说明
Clear	通过移除所有表中的所有行来清除所有数据的 DataSet
Copy	复制该 DataSet 的结构和数据
CreateDataReader	为每个 DataTable 返回带有一个结果集的 DataTableReader
Dispose	释放由 MarshalByValueComponent 使用的所有资源
GetXml	返回存储在 DataSet 中的数据的 XML 表示形式
HasChanges	获取一个值,该值指示 DataSet 是否有更改,包括新增行、已删除的行或已修改的行
Reset	清除所有表并从 DataSet 中删除所有关系、外部约束和表

创建 DataSet 对象的方法有两种,一种是使用无参构造函数,代码如下:
DataSet ds = new DataSet();

另一种方式是使用某一特定的表来创建 DataSet 对象,如下面使用 StuInfo 表创建 DataSet:
DataSet ds = new DataSet("StuInfo");

通常在 DataSet 对象操作的过程中还会经常使用到 DataTable、DataRow、DataColumn 等。下面分别进行介绍。

(1) DataTable 对象

DataSet 中的每一个数据表都是一个 DataTable 对象，DataTable 对象有自己的属性和方法，其常用属性和方法分别见表 8-17 和表 8-18。

表 8-17　　　　　　　　　　　　DataTable 对象的常用属性

属性	描述
ChildRelations	获取此 DataTable 的子关系的集合
Columns	获取属于该表的列的集合
DataSet	获取此表所属的 DataSet
DefaultView	获取可能包括筛选视图或游标位置的表的自定义视图
PrimaryKey	获取或设置充当数据表主键的列的数组
Rows	获取属于该表的行的集合
TableName	获取或设置 DataTable 的名称

表 8-18　　　　　　　　　　　　DataTable 对象的常用方法

方法	描述
Clear	清除所有数据的 DataTable
Copy	复制该 DataTable 的结构和数据
CreateDataReader	返回与此 DataTable 中的数据相对应的 DataTableReader
NewRow	创建与该表具有相同架构的新 DataRow
Select( )	获取所有 DataRow 对象的数组

创建 DataTable 对象的方法有两种，一种是使用没有参数的构造函数创建，然后通过 TableName 属性为 DataTable 对象指定表的名称，例如：

DataTable table = new DataTable( );
table.TableName=" StuInfo ";

另一种是使用具体的数据表名来创建一个 DataTable 对象，如使用"StuInfo"表来创建一个 DataTable 对象：

DataTable table = new DataTable(" StuInfo ");

创建 DataTable 后要将其添加到 DataSet 中去，需要调用 DataSet 对象的 Tables 属性的 ADD 方法，具体如下：

DataSet dset = new DataSet( );
dset.Tables.Add(" Table 对象名称");

使用 DataTable 时要将其从 DataSet 中取出，其方法为：

DataTable table = dset.数据表名；

（2）DataRow 对象

DataRow 表示数据表 DataTable 中的数据行，在给定表中一行就是一条记录，DataRow 有很多的属性和方法,表 8-19 和表 8-20 分别列出了 DataRow 对象的常用属性和方法。

表 8-19　　　　　　　　　　　DataRow 对象的常用属性

属性	描述
Item	获取或设置存储在指定的 DataColumn 中的数据
ItemArray	通过一个数组来获取或设置此行的所有值
RowError	获取或设置行的自定义错误说明
RowState	获取与该行和 DataRowCollection 的关系相关的当前状态
Table	获取该行拥有其架构的 DataTable

表 8-20　　　　　　　　　　　DataRow 对象的常用方法

方法	描述
Delete	删除 DataRow
GetChildRows	获取 DataRow 的子行
GetParentRow	获取 DataRow 的父行
IsNull	获取一个值,该值指示行是否包含 null 值

创建新的 DataRow,使用 DataTable 对象的 NewRow 方法即可。然后,调用 Table 属性的 Rows 属性的 Add 方法,将新创建的 DataRow 添加到数据表中。例如:

DataTable table = new DataTable(" StuInfo");

DataRow dtrow = table. NewRow( );

dtrow["ID"] = "10001";

dtrow["name"] = "张华";

table. rows. Add(dtrow);

有两种方法可以删除 DataRow,分别是 Delete 方法和 Remove 方法。其区别是 Delete 方法实际上不是从 DataTable 中删除掉一行,而是将其标志为删除,仅仅是做个记号,在调用 AcceptChanges 方法时发生实际移除。而 Remove 方法则是真正地在 DataRow 中删除一行。例如:

DataRow dr=ds. Tables["table"]. Rows. Find(" a");

ds. Tables["table"]. Remove(dr);

或

ds. Tables["table"]. Remove(index);

dr 为" a"所在的行,查出后将其删除,index 为 "a"所在的索引号。

(3)DataColumn 对象

DataColumn 表示表中的列,是给定 DataTable 中的一列数据,每一列 DataColumn 对象对应一个 DataType 属性,用于指定表中该列数据的类型。

DataColumn 对象的属性和方法很多，表 8-21 和表 8-22 分别列出了 DataColumn 对象的常用属性和方法。

表 8-21　　　　　　　　　　　　**DataColumn 对象的常用属性**

属性	描　　述
AllowDBNull	获取或设置一个值，该值指示对于属于该表的行，此列中是否允许空值
Caption	获取或设置列的标题
ColumnName	获取或设置 DataColumnCollection 中的列的名称
DataType	获取或设置存储在列中的数据的类型
ReadOnly	获取或设置一个值，该值指示一旦向表中添加了行，列是否还允许更改
Table	获取列所属的 DataTable
Unique	获取或设置一个值，该值指示列的每一行中的值是否必须是唯一的

表 8-22　　　　　　　　　　　　**DataColumn 对象的常用方法**

方法	描　　述
Dispose	释放由 MarshalByValueComponent 使用的所有资源
GetType	获取当前实例的 Type
SetOrdinal	将 DataColumn 的序号或位置更改为指定的序号或位置

ASP.NET 提供了除无参构造函数外的多个有参构造函数，用于创建一个数据列 DataColumn 的实例，最常用的是使用列名及其数据类型的两个参数的构造函数来创建数据列对象，例如，下面的代码创建了列名为"编号"，数据类型为 int 的 DataColumn 对象：

DataColumn col = new DataColumn("编号", typeof(int));

创建后的数据列通过指定 DataTable 对象的 Add 方法添加到 DataTable 中去，例如，将上面新创建的列添加到表名为"StuInfo"的 DataTable 对象中去：

DataTable tb = new DataTable("StuInfo");

tb.Columns.Add("col");

【示例 8-4】　DataTable、DataColumn 及 DataRow 对象的使用。

使用 DataTable、DataColumn 和 DataRow 对象创建一个数据表名为 ProductInfo 的 DataTable 对象，表中包含"产品编号"、"产品名称"和"产品产地"信息，并向该表中填充数据行。

①打开"chap08.sln"，在项目中添加新的窗体，命名为"DataTable 示例.aspx"。

②在页面的加载文件中，添加如下代码：

protected void Page_Load(object sender, EventArgs e){

　　DataTable table = new DataTable("productsInfo");

```
DataColumn col1 = new DataColumn("产品编号",typeof(string));
table.Columns.Add(col1);
DataColumn col2 = new DataColumn("产品名称",typeof(string));
table.Columns.Add(col2);
DataColumn col3 = new DataColumn("产品产地",typeof(string));
table.Columns.Add(col3);
DataRow row1 = table.NewRow();
row1["产品编号"] = "10001";
row1["产品名称"] = "涡轮半自动洗衣机";
row1["产品产地"] = "青岛";
table.Rows.Add(row1);
DataRow row2 = table.NewRow();
row2["产品编号"] = "10002";
row2["产品名称"] = "涡轮全自动洗衣机";
row2["产品产地"] = "广州";
table.Rows.Add(row2);
DataRow row3 = table.NewRow();
row3["产品编号"] = "10003";
row3["产品名称"] = "滚筒洗衣机";
row3["产品产地"] = "北京";
table.Rows.Add(row3);
DataRow row4 = table.NewRow();
row4["产品编号"] = "10004";
row4["产品名称"] = "迷你小型洗衣机";
row4["产品产地"] = "上海";
table.Rows.Add(row4);
Response.Write("<table border=1 cellspacing=0 cellpadding=0>");   //表格的方式显示数据
foreach(DataColumn col in table.Columns){    //遍历表格的列获得表头填充到Table中
Response.Write("<td >"+"<center>"+col.ColumnName+"</center>"+"</td>");}
foreach(DataRow row in table.Rows){   //遍历表中的每一行
Response.Write("<tr>");
foreach(DataColumn col in table.Columns){   //遍历每一行的每一列
Response.Write("<td>"+row[col]+"</td>");}
Response.Write("</tr>");  }
Response.Write("</table>");  }
```

③在"DataTable示例.aspx"页面上点击鼠标右键"在浏览器中查看"运行程序,页面效

果如图 8-7 所示。

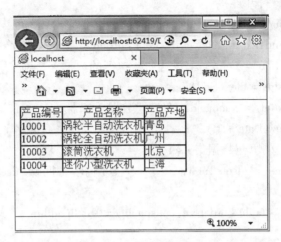

图 8-7　页面运行结果

8.3　简单的数据操作

前面示例中大部分是读取数据库的数据记录，即数据的查询操作，但在实际应用中，获得数据表后不仅仅是将数据查询出来，往往还要对数据进行一系列的其他操作，如添加、删除和修改数据库中的数据等。

8.3.1　新增数据

向数据库中新增数据，与查询数据操作的区别关键在于 SqlCommand 执行的 SQL 命令的不同，新增数据需要使用"insert into"结构，并且调用 SqlCommand 命令的 ExecuteNonQuery 方法来完成添加数据的过程。

【示例 8-5】　向 StudentMS 数据库中 StuInfo 表中新增一条学生记录。

StuInfo 表中的字段包括"学号"、"姓名"、"性别"和"入学时间"，其中"学号"是自动增长的主键。向该表新增学生信息，姓名为：张良勇，性别：男，入学时间：2013-07-01。同时为了便于观察，页面中添加"查询"按钮，新增后通过"查询"按钮，查看新增结果。

①在 Visual Studio 中打开"chap08.sln"，添加窗体"AddData.aspx"，在窗体的页面文件中添加两个按钮，分别用于数据查询和数据新增。具体代码如下：

```
<div>
    <asp：Button runat="server" ID="btnQuery" Text="查询" onclick="btnQuery_Click" />
    <asp：Button runat="server" ID="btnAdd" Text="新增" onclick="btnAdd_Click" />
</div>
```

②"查询"按钮主要用于查询数据表 StudentInfo 的所有数据，其单击事件代码如下：

```
protected void btnQuery_Click(object sender, EventArgs e){
    SqlConnection conn = new SqlConnection();
    conn.ConnectionString =
```

```csharp
" LZK-THINK; Initial Catalog=StudentMS; Integrated Security=True "; //建立连接
conn.Open();   //打开连接
SqlCommand command = new SqlCommand();
command.CommandText = "select * from StuInfo";   //设置命令执行文本
command.Connection = conn;   //设置命令执行的数据连接对象
SqlDataAdapter adpt = new SqlDataAdapter();
adpt.SelectCommand = command;   //设置数据适配器 adpt 的查询命令
DataSet dset = new DataSet();
adpt.Fill(dset);   //填充数据集 dset
DataTable stuTable = dset.Tables[0];   //实例化数据集 dset 中的 Table 对象名为 stuTable
Response.Write("<table border=1 cellspacing=0 cellpadding=0>");   //表格的方式显示数据
Response.Write("<tr>");
foreach(DataColumn col in stuTable.Columns){   //遍历表格的每一列，取出列名
    Response.Write("<td>" + col.ColumnName + "</td>");   }
Response.Write("<tr>");
foreach(DataRow row in stuTable.Rows){   //遍历表中的每一行
    Response.Write("<tr>");
    foreach(DataColumn col in stuTable.Columns){   //遍历每一列
        Response.Write("<td>" + row[col] + "</td>");   }   //取出行中每一列对应的值
    Response.Write("</tr>");   }
Response.Write("</table>");
conn.Close();       }
```

③"新增"按钮用于向数据表 StudentInfo 中增加题目要求的记录，代码如下：

```csharp
protected void btnAdd_Click(object sender, EventArgs e)  {
    SqlConnection conn = new SqlConnection();
    conn.ConnectionString =
      " LZK-THINK; Initial Catalog=StudentMS; Integrated Security=True ";
    conn.Open();
    SqlCommand command = new SqlCommand();
    command.CommandText = "insert into StuInfo values('张良勇','男','2013-07-01')";
    command.Connection = conn;
    command.ExecuteNonQuery();   //执行命令，非查询命令
    conn.Close();   //关闭连接
    conn.Dispose();   //释放资源      }
```

以上代码通过调用 SqlCommand 对象的 ExecuteNonQuery 方法，将数据添加到 StuInfo 数据表中。这里与查询的不同之处在于一是 SqlCommand 命令的 SQL 不同，二是 SqlCommand 执行的方法不同。

ExecuteNonQuery 方法是执行 SqlCommand 类执行非查询性操作所调用的方法，该方法如

果是对数据记录的操作,如新增、删除和修改,那么方法返回一个 int 类型变量,表示执行该方法后受影响行数,如果影响的行数为 0 时返回的值为 0,如果数据操作回滚的话返回值为–1。如果是对数据库结构的操作,例如 Create 操作,当操作成功时返回–1,如果操作失败话往往会发生异常。

④运行该程序,在浏览器中查看运行结果。页面首次加载时只显示"查询"和"新增"两个按钮,点击"查询"按钮,显示如图 8-8 所示,点击"新增"按钮后,再点击"查询"按钮,结果如图 8-9 所示。

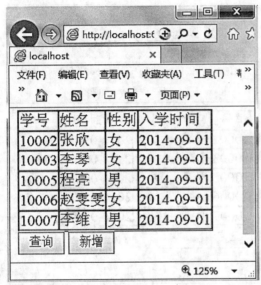

图 8-8　首次查询数据结果　　　　　图 8-9　新增后查询数据结果

8.3.2　更新数据

更新数据与添加数据的不同在于配置 SqlCommand 对象的 SQL 命令的文本不同。

例如:将示例 8-5 中新增加的"张良勇"同学的入学时间更改为"2014-09-01",如果在页面中添加一个"更新"按钮,那么该按钮的单击事件代码只有一行,与"新增"按钮单击事件代码不同,就是 SqlCommand 对象执行的 SQL 文本。将以下代码:

command. CommandText = "insert into StuInfo values('张良勇','男','2013-07-01')";

替换为:

command. CommandText =
"update StuInfo set 入学时间 ='2014-09-01' where 姓名 ='张良勇'";

运行该程序,点击"更新"按钮后,再单击"查询"按钮,页面运行效果如图 8-10 所示。

8.3.3　删除数据

数据删除与数据添加、数据更新是类似的,只要更换 SqlCommand 的 SQL 文本内容,使用 delete 删除的 SQL 语句即可。

例如：将 StuInfo 数据表中名为"张良勇"同学的信息记录删除，那么只需要在"删除"按钮的单击事件中替换 SqlCommand 命令执行的 SQL 文本即可。

将代码

command.CommandText = "insert into StuInfo values('张良勇','男','2013-07-01')";

替换为：

command.CommandText = "delete from StuInfo where 姓名='张良勇'";

运行程序，点击"删除"按钮后，再点击"查询"按钮，其运行结果如图 8-11 所示。

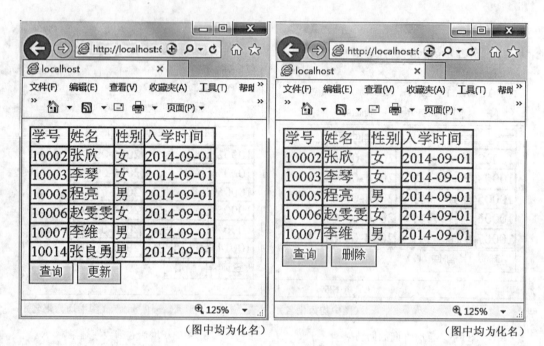

图 8-10　更新数据　　　　　　　　　图 8-11　删除数据

8.4　复习题

1. ADO.NET 访问数据库有哪两种模式？区别是什么？
2. 简述本章中所用到的数据提供者都有哪些？它们在数据访问中起到什么作用？
3. 对于数据操作类型不同，SqlCommand 类提供了哪些不同的方法？各自的意义是什么？
4. ADO.NET 中 DataSet 对象是如何实现断开式数据访问模式的？

第9章 数据绑定

数据访问是.NET Web 程序开发的重要内容，一切基于用户的操作，几乎都是建立在对数据操作的基础之上。除 ADO.NET 数据库访问技术，ASP.NET 还提供了另外一种数据访问方法——数据绑定。数据绑定是将数据源与服务器控件进行关联，将数据显示到用户界面上的通用机制。数据绑定技术可以使开发人员不必关心数据库连接和数据库命令以及数据以什么方式显示等问题，在设置控件的数据源和数据显示格式后，控件会自动处理剩余的工作，把数据按照预定的形式显示在页面中。数据绑定中的数据源可以是各种类型，如属性、变量、表达式、数据集、列表，等等。

ASP.NET 提供了简单的数据绑定的语法，可以轻松地实现将数据绑定到 Web 控件中，语法格式如下：

<%# 数据源 %>

在指定了数据源后，通过调用控件的 DataBind 方法或该控件所属父控件的 DataBind 方法来实现页面控件的数据绑定，从而达到数据显示的目的。DataBind 方法将控件及其所有子控件绑定到 DataSource 属性指定的数据源，当在父控件上调用 DataBind 方法时，该控件及其所有的子控件都会调用 DataBind 方法。

DataBind 方法是 ASP.NET 中 Page 页面对象和所有 Web 控件的成员方法，由于 Page 对象是该页面上所有控件的父控件，因此在 Page 对象触发 Load 事件的时候调用 DataBind 方法，就会使页面所有的数据绑定都被处理。DataBind 方法在事件中的调用代码如下：

```
protected void Page_Load(object sender, EventArgs e) {
        Page.DataBind();
}
```

DataBind 方法主要用于同步数据源和数据控件中的数据，使得数据源中的任何更改都会在数据控件中反映出来。

ASP.NET 的数据绑定有两种类型，一种是简单数据绑定，另一种是复杂数据绑定，下面对这两种绑定分别进行介绍。

本章重点：
- 简单数据绑定；
- 复杂数据绑定；
- DropDownList、ListBox、RadioButtonList 和 CheckBoxList 控件的数据绑定。

9.1 简单数据绑定

简单数据绑定是将一个控件绑定到单个数据元素，如 TextBox 或 Label 等控件的绑定。简单绑定的数据源包括变量、表达式、集合、属性等。

9.1.1 绑定到变量

绑定到变量是数据绑定最简单的绑定方式,Web 服务器常用的绑定方式之一,其语法格式如下:

`<%#变量名%>`

例如,以 Label 控件为例,其绑定的代码为:

`<asp:Label ID="Label1" runat="server" Text="<%#变量名%>"></asp:Label>`

【示例 9-1】 将学生信息绑定到页面中。学号:10003,姓名:李琴,性别:女。

①启动 Visual Studio 2010,新建 Web 应用程序,将解决方案与项目均命名为"chap09",在项目中添加名为"示例 9-1.aspx"的新窗体。

②在"示例 9-1.aspx.cs"代码文件中编写如下代码:

```
public partial class 示例8_1 : System.Web.UI.Page {
    public  int stuNO = 10003;//变量声明
    public  string name = "李琴";
    public  char gender = '女';
    protected void Page_Load(object sender,EventArgs e){
        Page.DataBind( );     }//调用 DataBind 方法
}
```

③在"示例 9-1.aspx"页面文件的表单中编写如下代码:

```
<div>
  学号:<%#stuNO.ToString()%><br />
  学生姓名:<%#name %><br />
  性别:<%#gender %>
</div>
```

④单击鼠标右键,在浏览器中运行程序,其运行结果如图 9-1 所示。

(图中均为化名)

图 9-1 绑定到变量页面运行结果

9.1.2 绑定到服务器控件的属性值

绑定到控件的属性值其语法使用控件属性值代替变量即可,语法格式如下:

<%# 控件属性值 %>

【示例 9-2】 演示将 Label 控件的 Text 属性值绑定到文本框控件的 Text 属性中去。

①在 Visual Studio 2010 中打开"chap09.sln",在项目中新建窗体,命名为"示例 9-2.aspx"。

②在页面文件的表单中编写如下代码:

<asp:Label runat="server" ID="labelID"></asp:Label>

绑定的 Label 控件 ID 是:<asp:TextBox runat="server" Text="<%#Label.ID%>" ID="Text1"> </asp:TextBox>

这里将 Label 控件的 ID 属性值绑定到 TextBox 中去。

③"示例 9-2.aspx.cs"代码文件中的代码如下:

protected void Page_Load(object sender,EventArgs e){
Page.DataBind(); }

④浏览器中运行程序,页面运行效果如图 9-2 所示。

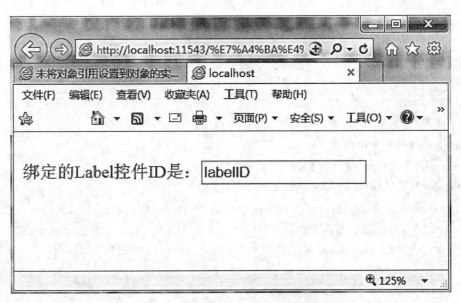

图 9-2 绑定到控件属性页面运行结果

9.1.3 绑定到表达式

绑定到表达式类似于绑定到变量或控件属性值,将变量替换成表达式即可。其语法格式为:

<%# 表达式 %>

例如:对计算两数之和的表达式进行数据绑定,首先声明变量:

public int x = 100;

public int y = 20;

绑定表达式为:

<% # x+y%>

调用数据绑定方法:

protected void Page_Load(object sender,EventArgs e){

Page.DataBind();   }

页面运行后就会加载 x 与 y 之和120。

9.1.4 绑定到集合

如果把集合(如数组等)作为绑定的数据源,那么所使用的服务器控件一定是能够支持多值的控件,如列表控件、下拉框控件等。简单地绑定到集合的语法格式是:

<% #简单集合%>

【示例9-3】 将数组中的多个歌手名字绑定到 ListBox 控件中去。

①在 Visual Studio 2010 中打开"chap09.sln",在项目中新建窗体,命名为"示例9-3.aspx"。

②在"示例9-3.aspx"页面文件的表单中编写如下代码:

<div>

<p>你最喜爱的歌手是:</p>

<asp:ListBox runat="server" ID="lbox" DataSource="<%#dataList %>">

</asp:ListBox>

</div>

③在"示例9-3.aspx.cs"代码文件中引入命名空间:

using System.Collections;

④在"示例9-3.aspx.cs"代码文件中编写如下代码:

public ArrayList dataList = new ArrayList();

  protected void Page_Load(object sender,EventArgs e)   {

    dataList.Add("刘德华");

    dataList.Add("张靓颖");

    dataList.Add("周传雄");

    dataList.Add("周杰伦");

    lbox.DataSource = dataList;

    lbox.DataBind();

  }

⑤运行程序,浏览器中页面显示效果如图9-3所示。

9.1.5 绑定到方法

一般情况下,数据在空间上显示之前往往需要一些处理或者加工等过程,这一过程通常先通过方法来封装,然后把控件绑定到返回处理结果的方法。同时,根据需要,先定义方法是有

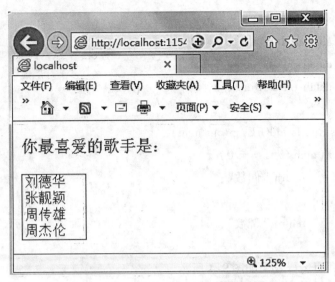

图 9-3　绑定到集合的页面运行效果

参方法还是无参方法。一般该方法具有返回值。绑定到方法的语法格式为：

<%＃方法([参数])%>

【示例 9-4】　绑定到方法。

定义一个方法，判断传入的数是奇数还是偶数，定义包含 4 个数据的数据源 ArrayList，最后将判断的结果显示出来。

①在 Visual Studio 2010 中打开"chap09.sln"，在项目中新建窗体，命名为"示例 9-4.aspx"。

②在"示例 9-4.aspx"页面文件的表单中编写如下代码：

<asp:DataList runat="server" ID="datalist">
<ItemTemplate>
数字<%#Container.DataItem%>,是<%#IsOddOrEven((int)Container.DataItem)%>
</ItemTemplate>
</asp:DataList>

③在"示例 9-4.aspx.cs"代码文件中引入命名空间：

using System.Collections;

④在"示例 9-4.aspx.cs"代码文件中编写如下代码：

public partial class 示例 8_4 : System.Web.UI.Page {
　　ArrayList alist = new ArrayList();
　　protected void Page_Load(object sender, EventArgs e) {
　　　　alist.Add(7);

```
            alist. Add(126);
            alist. Add(39);
            alist. Add(63);
            datalist. DataSource = alist;
            datalist. DataBind( );
        }
        public string IsOddOrEven(int num) {
            if( num % 2 = = 0)
                return "偶数";
            else
                return "奇数";  }
}
```

⑤运行程序,页面运行效果如图9-4所示。

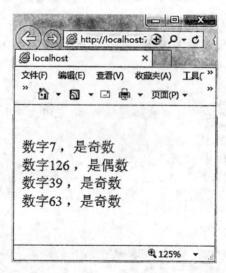

图9-4 绑定到方法的结果

9.2 绑定到复杂数据源

相对于简单数据源,数据绑定还可以绑定到更为复杂的数据源上。ASP. NET 常用的复杂数据源有 DataView、DataSet、DataTable 以及各种数据库。

9.2.1 绑定到 DataSet 控件

DataSet 是 ADO. NET 中的重要组件,是应用程序将元数据存放在内存中的数据容器。DataSet 中包含的数据可以来自多种数据源,如 XML 文档、数据库等。

【示例9-5】 绑定到 DataSet 控件。

9.2 绑定到复杂数据源

将 StudentMS 数据库中的 StuInfo 数据表绑定到 DataSet 中。

①在 Visual Studio 2010 中打开"chap09.sln",在项目中新建窗体,命名为"示例 9-5.aspx"。

②在"示例 9-5.aspx"页面文件的表单中编写如下代码:

```
<div>
    <asp:DataGrid runat="server" ID="dgrid"></asp:DataGrid>
</div>
```

③在"示例 9-5.aspx.cs"代码文件中首先引入要使用类的命名空间:

using System.Data.SqlClient;

using System.Data;

④在"示例 9-5.aspx.cs"代码文件的页面加载事件中编写如下代码:

```
protected void Page_Load(object sender, EventArgs e) {
    SqlConnection conn = new SqlConnection();
    conn.ConnectionString =
        "LZK-THINK;Initial Catalog=StudentMS;Integrated Security=True";
    conn.Open();
    SqlCommand command = new SqlCommand();
    command.CommandText = "select * from StuInfo";
    command.Connection = conn;
    SqlDataAdapter adpt = new SqlDataAdapter();
    adpt.SelectCommand = command;
    DataSet dset = new DataSet();
    adpt.Fill(dset, "StuInfo");
    dgrid.DataSource = dset;
    dgrid.DataBind();
    conn.Close();
}
```

⑤运行程序,页面运行效果如图 9-5 所示。

9.2.2 绑定到数据库

ASP.NET 经常会将数据库中的某些数据显示出来,前面示例是将数据库的数据读取到 DataSet 中去,再进行显示。除此之外,还可以把控件的数据源直接绑定到数据库。要把控件数据源直接绑定到数据库首先要与数据库建立连接,然后 Command 对象调用 ExecuteReader 方法执行 SQL 语句,并把控件数据源绑定到执行后的结果。

【示例 9-6】 将控件的数据源绑定到数据库。

本示例演示将 ListBox 控件的数据源绑定到 StudentMS 数据库的 StuInfo 数据表的某一个字段上。

①在 Visual Studio 2010 中打开"chap09.sln",在项目中新建窗体,命名为"示例 9-

第9章 数据绑定

（图中均为化名）

图 9-5 绑定到 DataSet

6.aspx"。

②在"示例 9-6.aspx"页面文件的表单中编写如下代码：

```
<div>
<asp:ListBox runat="server" ID="lbox"></asp:ListBox>
</div>
```

③在"示例 9-6.aspx.cs"代码文件中，首先导入命名空间：

using System.Data;

using System.Data.SqlClient;

④在"示例 9-6.aspx.cs"代码文件中的页面加载事件中编写如下代码：

```
protected void Page_Load(object sender, EventArgs e) {
    SqlConnection conn = new SqlConnection();
    conn.ConnectionString =
    " LZK-THINK;Initial Catalog=StudentMS;Integrated Security=True ";
    conn.Open();
    SqlCommand command = new SqlCommand();
    command.CommandText = "select 姓名 from StuInfo";
    command.Connection = conn;
    lbox.DataSource = command.ExecuteReader();//读取数据并返回结果
    lbox.DataTextField = "姓名";//绑定到数据库的字段
    lbox.DataBind();//调用数据绑定方法
    conn.Close(); }
```

⑤运行程序,页面效果如图9-6所示。

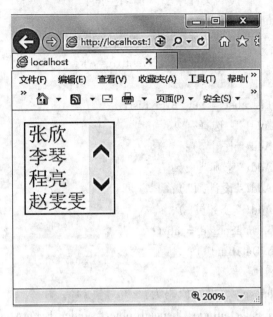

(图中均为化名)

图9-6 绑定到数据库的运行结果

9.3 常用控件的数据绑定

除上述简单数据绑定用到的简单 ASP.NET 服务器控件,还有一些常用的其他与数据绑定相关的数据控件,通过它们可以显示多个数值,本节讨论 DropDownList、ListBox、CheckBoxList 和 RadioButtonList 这 4 个常用控件。

9.3.1 DropDownList 控件的数据绑定

DropDownList 控件是一个下拉列表框,能够提供一组可供单选的值,控件中的项是通过 ListItem 类型表现的。因此,可以使用 Items 集合来处理列表项。

【示例9-7】 DropDownList 控件数据绑定。

本案例演示将一个 ArrayList 的集合绑定到 DropDownList 控件上,使其在控件中显示不同职业,当选择其中某一个职业后,会在 Label 控件中显示选择的结果。

①在 Visual Studio 2010 中打开"chap09.sln",在项目中新建窗体,并命名为"示例9-7.aspx"。

②在"示例9-7.aspx"页面文件的表单中编写如下代码:

```
<div>
    <asp:DropDownList runat="server" ID="ddlJob" AutoPostBack="true"
    onselectedindexchanged="ddlJob_SelectedIndexChanged"></asp:DropDownList>
    你选择的职业是:<asp:Label runat="server" ID="labJob"></asp:Label>
```

</div>

③在"示例9-7. aspx. cs"代码文件中引入命名空间:
using System. Collections;

④在"示例9-7. aspx. cs"代码文件中编写如下代码:

```
protected void Page_Load(object sender,EventArgs e) {
    if(! IsPostBack) {
        ArrayList alist = new ArrayList();
        alist. Add("--选择--");
        alist. Add("医生");
        alist. Add("教师");
        alist. Add("设计师");
        alist. Add("公务员");
        ddlJob. DataSource = alist;
        ddlJob. DataBind();    }
}
```

⑤下拉框 SelectedChanged 事件的代码为:

```
protected void ddlJob_SelectedIndexChanged(object sender,EventArgs e) {
    labJob. Text = ddlJob. SelectedItem. ToString();    }
```

⑥运行程序,页面首次加载如图9-7所示,选择下拉框中的值后,页面效果如图9-8所示。

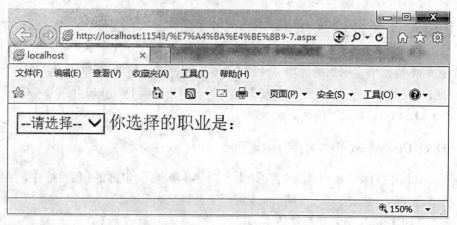

图9-7 下拉框数据绑定页面首次加载

9.3.2 ListBox 控件的数据绑定

ListBox 控件允许用户从列表中选择一项或多项,与 DropDownList 控件相似,区别在于它可以允许用户一次选择多个列表框中的值。

ListBox 列表框控件的数据绑定与 DropDownList 控件一样,首先是给数据源属性 DataSource 赋值,然后调用控件的 DataBind 的方法执行数据绑定,其绑定过程可以参照前面示例9-3。

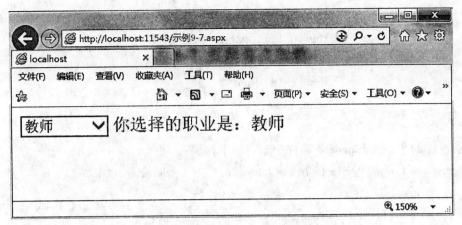

图 9-8 动态显示下拉框绑定数据

9.3.3 RadioButtonList 控件的数据绑定

RadioButtonList 控件是一组单选按钮,数据绑定后允许用户从中选择一个值。

【示例 9-8】 RadioButtonList 控件的数据绑定。

本示例演示将 StudentMS 数据库的 StuInfo 数据表的某一个字段绑定到 RadioButtonList 控件的数据源上。选择其中的项后,StuInfo 数据表中对应的信息显示在 DataGrid 控件上。

①在 Visual Studio 2010 中打开"chap09.sln",在项目中新建窗体,命名为"示例 9-8.aspx"。

②在"示例 9-8.aspx"页面文件的表单中编写如下代码:

```
</div>
    <asp:RadioButtonList runat="server" ID="rbtnlist" AutoPostBack="true" CellPadding=5
    onselectedindexchanged="rbtnlist_SelectedIndexChanged" CellSpacing=5
    RepeatColumns=3></asp:RadioButtonList>
    <asp:DataGrid runat="server" ID="dgrid"></asp:DataGrid>
</div>
```

③在"示例 9-8.aspx.cs"代码文件的页面加载事件中编写如下代码:

```
protected void Page_Load(object sender, EventArgs e) {
    if(!IsPostBack) {
        SqlConnection conn = new SqlConnection();
        conn.ConnectionString =
            "LZK-THINK;Initial Catalog=StudentMS;Integrated Security=True";
        conn.Open();
        SqlCommand command = new SqlCommand();
        command.CommandText = "select 学号,姓名 from StuInfo";
        command.Connection = conn;
```

```
                    rbtnlist.DataSource = command.ExecuteReader();
                    rbtnlist.DataTextField = "姓名";
                    rbtnlist.DataValueField = "学号";
                    rbtnlist.DataBind();
                    conn.Close();        }
            }
```

④在控件的 SelectedChanged 事件中编写如下代码:

```
protected void rbtnlist_SelectedIndexChanged(object sender,EventArgs e)  {
        string str = "";
        foreach(ListItem item in rbtnlist.Items)  {
          if(item.Selected)  {
            str = "学号=" + item.Value; }
          if(str.Length > 0)    {
            dgrid.Visible = true;
            SqlConnection conn = new SqlConnection();
            conn.ConnectionString =
"Data Source=wxh-THINK;Initial Catalog=StudentMS;user id=sa;password=123";
            conn.Open();
            SqlCommand command = new SqlCommand();
            command.CommandText =
"select 学号,姓名,性别,入学时间 from StuInfo where " + str;
            command.Connection = conn;
            dgrid.DataSource = command.ExecuteReader();
            dgrid.DataBind();
            rbtnlist.DataBind();
            conn.Close();     }
          else  {
        dgrid.Visible = false;  }
            }
         }
```

⑤运行程序,页面效果如图 9-9 所示,选择某一项后,运行效果如图 9-10 所示。

9.3.4 CheckBoxList 控件数据绑定

CheckBoxList 控件是一组复选框控件集合,它与 RadioButtonList 控件类似,区别在于它允许用户同时选择多个值。CheckBoxList 控件的数据绑定与 RadioButtonList 控件的数据绑定基本相同,读者可以参照其示例进行练习。

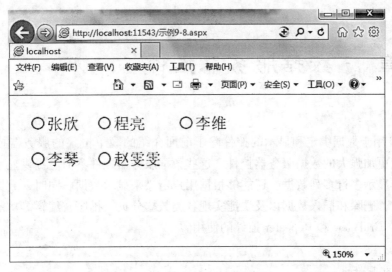

（图中均为化名）

图 9-9　RadioButtonList 控件数据绑定页面首次加载

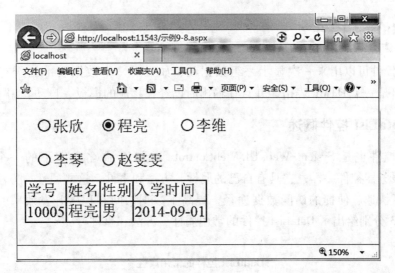

（图中均为化名）

图 9-10　RadioButtonList 控件数据绑定显示学生信息

9.4　复习题

1. ASP.NET 为用户提供了哪两种类型的数据绑定？其区别是什么？
2. DataBind 方法是如何实现控件数据绑定的？
3. DataSet 对象数据绑定的数据源有哪些类型？

第10章 数据服务器控件

ASP.NET 用于数据绑定和显示的控件除了前面介绍的简单格式的服务器控件，还有更为复杂，功能更加强大的数据服务器控件。这些数据服务器控件不但能提供显示数据的丰富外观，如可以显示多行多列数据，还能够根据用户定义来显示数据。同时，数据服务器控件还提供了修改、删除和插入数据以及快捷实现各类数据分页、排序、编辑等功能。本章主要介绍 DataList、GridView 和 Repeater 控件的使用。

本章重点：

- DataList 控件；
- GridView 控件；
- Repeater 控件。

10.1 DataList 控件

DataList 控件可以用来一次显示一组数据项，如显示一个数据表中的所有行。DataList 控件默认输出是一个 HTML 表格，并且在输出时已经在相应的模板上自动套用了表格标签。

10.1.1 DataList 控件概述

DataList 控件也是 System.Web.UI.WebControls.DataList 命名空间下的一个 WebControl 类，与其他服务器控件一样，它具有自己的属性、方法和事件，这些属性、方法和事件为开发人员提供了快速、便捷的访问数据途径，提高了数据访问和程序开发效率。表 10-1、表 10-2 和表 10-3 分别给出了 DataList 控件的常用属性、方法和事件。

表 10-1　　　　　　　　　　　　DataList 控件的常用属性

属性	描述
Attributes	获取与控件特性不对应的任意特性(只用于呈现)的集合
Caption	获取或设置要在控件中的 HTML 标题元素中呈现的文本
CellPadding	获取或设置单元格的内容和单元格的边框之间的距离
CellSpacing	获取或设置单元格与单元格之间的距离
DataKeyField	获取或设置由 DataSource 属性指定的数据源中的键字段
DataKeys	获取存储数据列表控件中每个记录的键值
DataKeysArray	获取 ArrayList 对象，它包含数据列表控件中每个记录的键值
DataKeysContainer	如果命名容器实现 IDataKeysControl，则获取对命名容器的引用

续表

属性	描述
DataSource	获取或设置用于填充控件中项的值的列表源
DataSourceID	获取或设置数据源控件的 ID 属性,使用它来检索其数据源
EditItemIndex	获取或设置 DataList 控件中要编辑的选定项的索引号
EditItemTemplate	获取或设置 DataList 控件中为进行编辑而选定的项的模板
FooterStyle	获取 DataList 控件的脚注部分的样式属性
FooterTemplate	获取或设置 DataList 控件的脚注部分的模板
GridLines	获取或设置 DataList 控件的网格线样式,只用于当 RepeatLayout 属性设置为 RepeatLayout.Table 时
HasAttributes	获取一个指示控件是否具有特性集的值
HeaderStyle	获取 DataList 控件的标题部分的样式属性
HeaderTemplate	获取或设置 DataList 控件的标题部分的模板
HorizontalAlign	获取或设置数据列表控件在其容器内的水平对齐方式
IsEnabled	是否启用该控件
IsViewStateEnabled	是否为该控件启用了视图状态
Items	控件内单独项的 DataListItem 对象的集合
ItemStyle	获取 DataList 控件中项的样式属性
ItemTemplate	获取或设置 DataList 控件中项的模板
RepeatColumns	获取或设置要在 DataList 控件中显示的列数
RepeatDirection	获取或设置 DataList 控件是垂直显示还是水平显示
RepeatLayout	获取或设置控件是在表中显示还是在流布局中显示
RequiresDataBinding	数据列表控件是否需要绑定到其指定的数据源
SelectedIndex	获取或设置 DataList 控件中的选定项的索引
SelectedItem	获取 DataList 控件中的选定项
SelectedItemStyle	获取 DataList 控件中选定项的样式属性
SelectedItemTemplate	获取或设置 DataList 控件中选定项的模板
SelectedValue	获取所选择的数据列表项的键字段的值
SeparatorTemplate	获取或设置 DataList 控件中各项间分隔符的模板
ShowFooter	是否在 DataList 控件中显示脚注部分
ShowHeader	是否在 DataList 控件中显示页眉节
TemplateControl	获取或设置对包含该控件的模板的引用
Visible	服务器控件是否作为 UI 呈现在页上

表 10-2　　　　　　　　　　　　DataList 控件的常用方法

方法	描述
AddedControl	子控件添加 Control 对象到 Controls 集合
CreateItem	创建一个 DataListItem 对象
DataBind	将控件及其所有子控件绑定到指定的数据源
FindControl	在当前的命名容器中搜索服务器控件
GetData	返回一个实现了 IEnumerable 的对象，表示数据源
GetHashCode	作为默认哈希函数
OnCancelCommand	引发 CancelCommand 事件，可为事件提供自定义处理程序
OnDataBinding	引发 DataBinding 事件
OnDeleteCommand	引发 DeleteCommand 事件，为事件提供自定义处理程序
OnEditCommand	引发 EditCommand 事件
OnItemCommand	引发 ItemCommand 事件
OnItemCreated	引发 ItemCreated 事件
OnItemDataBound	引发 ItemDataBound 事件
OnSelectedIndexChanged	引发 SelectedIndexChanged 事件
OnUpdateCommand	引发 UpdateCommand 事件
OpenFile	获取用于读取文件流
RemovedControl	从子控件 Controls 集合中移除 Control 对象

除上述方法外，DataList 控件还有一些扩展的方法，例如，FindDataSourceControl 返回与指定控件的数据控件关联的数据源，该方法是由 DynamicDataExtensions 定义的，GetDefaultValues 为指定数据控件获取默认值的集合，由 DynamicDataExtensions 定义方法。

表 10-3　　　　　　　　　　　　DataList 控件的常用事件

事件	描述
CancelCommand	对 DataList 控件中的某项单击"Cancel"按钮时发生
DataBinding	当服务器控件绑定到数据源时发生
DeleteCommand	对 DataList 控件中的某项单击"Delete"按钮时发生
Disposed	当从内存释放服务器控件时发生，这是请求 ASP.NET 网页时服务器控件生存期的最后阶段

续表

事件	描述
EditCommand	对 DataList 控件中的某项单击"Edit"按钮时发生
ItemCommand	当单击 DataList 控件中的任一按钮时发生
ItemCreated	当在 DataList 控件中创建项时在服务器上发生
ItemDataBound	当项被数据绑定到 DataList 控件时发生
SelectedIndexChanged	在两次服务器发送之间，在数据列表控件中选择了不同的项时发生

10.1.2 DataList 控件模板

DataList 控件是由模板驱动的数据列表控件，它可通过创建模板定义显示数据的格式。DataList 提供了丰富的数据显示形式和外观，可以为项、交替项、选定项等。在模板中至少需要定义一个 ItemTemplate 项以显示 DataList 控件中的数据，DataList 控件的模板及描述见表 10-4。

表 10-4　　　　　　　　　　　　　**DataList 控件模板**

模板	描述
AlternatingItemTemplate	如果已定义，则为 DataList 项的交替项提供内容和布局，如果没有定义，则使用 ItemTemplate
EditItemTemplate	如果已定义，则为 DataList 中当前编辑的项提供内容和布局，如果没有定义，则使用 ItemTemplate
FooterTemplate	如果已定义，则为 DataList 的脚注部分提供内容和布局，如果没有定义，将不显示脚注部分
HeaderTemplate	如果已定义，则为 DataList 的页眉节提供内容和布局，如果没有定义，将不显示页眉节
ItemTemplate	为 DataList 中的项提供内容和布局所要求的模板
SelectedItemTemplate	如果已定义，则为 DataList 中当前选定项提供内容和布局，如果没有定义，则使用 ItemTemplate
SeparatorTemplate	如果已定义，则为 DataList 中各项之间的分隔符提供内容和布局，如果未定义，将不显示分隔符

DataList 为模板样式的编辑提供了不同的属性，AlternatingItemStyle 属性用于指定 DataList 控件中交替项的样式；EditItemStyle 指定 DataList 控件中正在编辑的项的样式；FooterStyle 指定 DataList 控件中脚注的样式；HeaderStyle 指定 DataList 控件中页眉的样式；ItemStyle 指定 DataList 控件中项的样式；SelectedItemStyle 指定 DataList 控件中选定项的样式；SeparatorStyle 指定 DataList 控件中各项之间的分隔符的样式，可以显示或隐藏控件的不

同部分，也可以通过 ShowFooter 和 ShowHeader 属性控制显示或隐藏模板的脚注或头部。

DataList 模板灵活多样，除了通过手动代码设置其外观属性来控制其显示样式外，还可以通过 DataList 模板编辑器进行编辑。具体方法如下：

①在设计视图下，选择 DataList 控件右侧小三角，出现"DataList"任务列表，如图 10-1 所示。

②单击"编辑模板"命令，进入如图 10-2 所示的"模板编辑模式"，在"显示"下拉框中可以看到项模板中的 ItemTemplate、AlternatingItemTemplate、SelectedItemTemplate、EditItemTemplate 这 4 种类型。ItemTemplate 可控制 DataList 中每一项的外观，AlternatingItemTemplate 用来控制交替显示时候的外观，使得上下两行显示样式不同。设置该属性后，奇数项显示 ItemTemplate 的外观，偶数项显示 AlternatingItemTemplate 外观样式。SelectedItemTemplate 用于控制当某项被选中的时候的外观样式。EditItemTemplate 控制 DataList 控件中选中进行编辑的项提供外观。

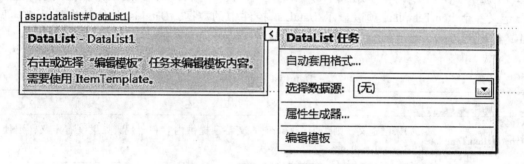

图 10-1 DataList 控件的任务列表

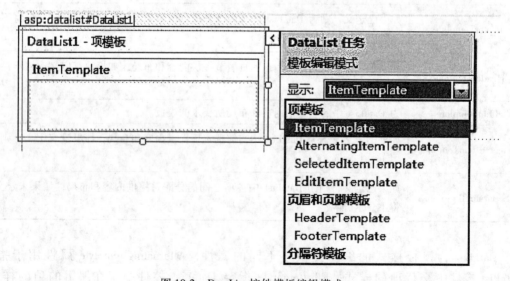

图 10-2 DataList 控件模板编辑模式

③选择其中的一项，对其进行编辑。选择"ItemTemplate"模板，在其中添加 LinkButton 控件，并通过属性管理器设置其背景颜色，BackColor 属性值为 Red，如图 10-3 所示。

图 10-3　设置项模板样式

④编辑结束后，选择如图 10-4 所示的"结束编辑"命令，DataList 模板返回上一级的不可编辑状态。

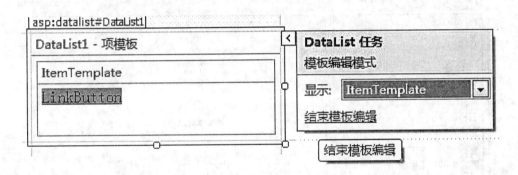

图 10-4　结束 DataList 模板编辑

10.1.3　DataList 控件的使用

下面通过一个案例演示 DataList 控件与 SqlDataSource 数据源控件相结合，进行数据绑定和显示的过程。

【示例 10-1】　DataList 控件的使用。

使用 DataList 控件和 SqlDataSource 控件，将"工资管理"数据库中的"员工信息"表中的"员工姓名"读取出来，然后通过超链接按钮单击事件可以查看员工的详细信息。

①启动 Visual Studio 2010，新建 Web 应用程序，解决方案与项目都命名为"chap10"。
②在项目目录下添加新的窗体，命名为"示例 10-1. axps"。
③在"示例 10-1.aspx"页面文件的设计视图下，为页面添加 DataList 和 SqlDataSource 控件，如图 10-5 所示。
④为 SqlDataSource 控件配置数据源，绑定到"员工信息"数据表。
⑤配置 DataList 控件的数据源为 SqlDataSource1。
⑥选择 DataList 控件的样式。点击控件右侧的小三角，在"DataList 任务"中点击"自动套用格式"，弹出如图 10-6 所示的对话框，选择"专业型"格式。
⑦选择模板格式后，点击"确定"按钮，返回界面。通过属性管理器设置 DataList 布局，

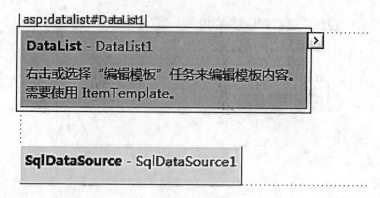

图 10-5 添加控件

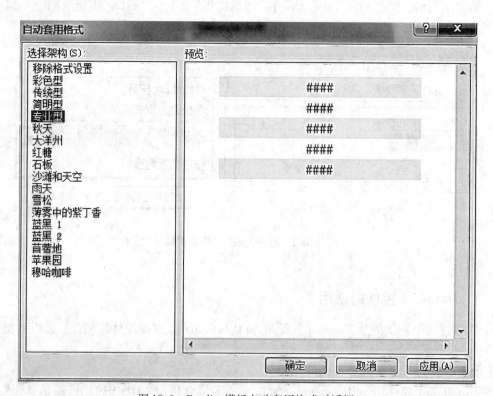

图 10-6 Datalist 模板自动套用格式对话框

设置 CellPadding=5、CellSpacing=5、RepeatColumns=5,如图 10-7 所示。

⑧切换到源视图,此时"员工信息"表中的所有员工信息的字段都被绑定到了 ItemTemplate 模板中,在该模板后面添加选择模板 SelectedItemTemplate,即添加如下代码:

<SelectedItemTemplate> </SelectedItemTemplate>

⑨将自动配置生成的 ItemTemplate 模板中的代码拷贝到 SelectedItemTemplate 模板中去,而 ItemTemplate 模板中只保留"员工姓名"的字段绑定,即

<asp:Label ID="员工姓名 Label" runat="server" Text='<%# Eval("员工姓名")%>' />

⑩在 ItemTemplate 模板中添加一个 LinkButton 按钮,并设置 CommandName 属性为

10.1 DataList 控件

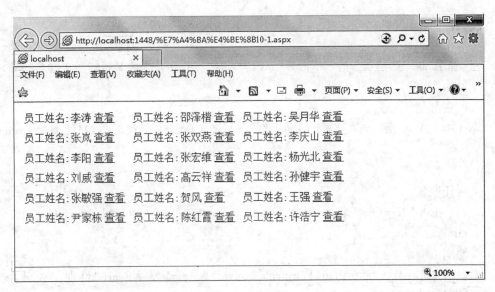

（图中均为化名）

图 10-7　页面首次加载

"select"属性，具体代码为：

<asp:LinkButton runat="server" ID="lkBtn" Text="查看" CommandName="select">
</asp:LinkButton>

⑪为 DataList 控件添加 OnItemCommand=" DataList1_ItemCommand"的方法，最终"示例 10-1.aspx"页面文件表单内的代码如下：

<div>
  <asp:DataList ID="DataList1" runat="server" CellPadding="4" DataKeyField="员工编号"
    DataSourceID="SqlDataSource1" ForeColor="#333333" RepeatColumns="3"
    OnItemCommand="DataList1_ItemCommand" CellSpacing="4">
    <AlternatingItemStyle BackColor="White" ForeColor="#284775" />
    <FooterStyle BackColor="#5D7B9D" Font-Bold="True" ForeColor="White" />
    <HeaderStyle BackColor="#5D7B9D" Font-Bold="True" ForeColor="White" />
    <ItemStyle BackColor="#F7F6F3" ForeColor="#333333" />
<ItemTemplate>
    员工姓名：
<asp:Label ID="员工姓名 Label" runat="server" Text='<%# Eval("员工姓名")%>' />
<asp:LinkButton runat="server" ID="lkBtn" Text="查看" CommandName="select">
</asp:LinkButton>
</ItemTemplate>
<SelectedItemTemplate>
    员工编号：
<asp:Label ID="员工编号 Label" runat="server" Text='<%# Eval("员工编号")%>' />

```
            <br />
        员工姓名：
        <asp:Label ID="员工姓名Label" runat="server" Text='<%# Eval("员工姓名")%>' />
        <br />
        所在部门编号：
    <asp:Label ID="所在部门编号Label" Text='<%# Eval("所在部门编号")%>' runat="server" />
        <br />
        所任职位：
        <asp:Label ID="所任职位Label" runat="server" Text='<%# Eval("所任职位")%>' />
        <br />
        性别：
        <asp:Label ID="性别Label" runat="server" Text='<%# Eval("性别")%>' />
        <br />
        工资级别：
        <asp:Label ID="工资级别Label" runat="server" Text='<%# Eval("工资级别")%>' />
        <br />
        文化程度：
        <asp:Label ID="文化程度Label" runat="server" Text='<%# Eval("文化程度")%>' />
        <br />
        工龄：
        <asp:Label ID="工龄Label" runat="server" Text='<%# Eval("工龄")%>' />
        <br />
        <br />
        </SelectedItemTemplate>
    <SelectedItemStyle BackColor="#E2DED6" Font-Bold="True" ForeColor="#333333" />
</asp:DataList>
</div>
```

以上代码除了 LinkButton 控件是手动代码完成的，其余全部都是通过属性编辑器设置自动生成的。在 SelectedItemTemplate 模板中绑定了单击 LinkButton 控件所需要显示的员工的所有信息。这一功能的完成需要借助 LinkButton 控件的 CommandName 属性才能完成。在程序中给 LinkButton 的 CommandName 属性和 CommandArgument 属性赋值，然后在 OnCommand 事件中，可以得到从 CommandEventArgs 类中获得的数据，从而判断哪个 LinkButton 被点击。CommandEventArgs 类存储了和按钮（Button）事件相关的数据，并且可以在事件处理中通过 CommandEventArgs 类的属性来访问数据。当 LinkButton 被按动后，这个 LinkButton 所触发的数据都被储存到服务器的 CommandEventArgs 类中，访问 CommandEventArgs 类中的属性就访问了被按动的 LinkButton。

⑫在"示例 10-1.aspx.cs"代码文件中，编写如下代码：
```
protected void DataList1_ItemCommand(object source, DataListCommandEventArgs e){
    DataList1.SelectedIndex = e.Item.ItemIndex;
```

DataList1. DataBind( );   }

⑬运行程序，页面首次加载如图10-7所示，点击"查看"按钮可显示员工的详细信息，页面效果如图10-8所示。

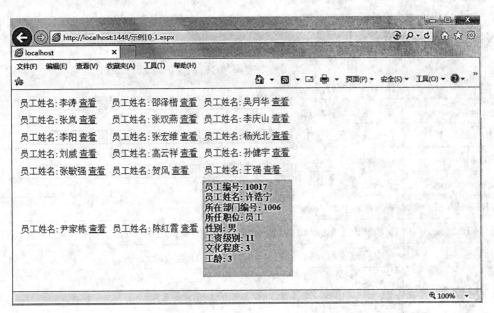

（图中均为化名）

图10-8　点击"查看"超链接按钮

10.2　GridView 控件

GridView 控件在表格中可显示数据源的值，其中每列表示一个字段，每行表示一条记录。GridView 控件提供了强大的功能，可以选择和编辑这些项，以及对它们进行分类、排序和过滤等。

10.2.1　GridView 控件的属性、方法和事件

GridView 控件的属性包括控制整个控件总体样式效果、数据源、分页等的属性，同时也包括用于显示每条记录及字段的显示效果。GridView 常用的属性、方法分别见表10-5 和表10-6。

表10-5　　　　　　　　　　GridView 控件的常用属性

属性	描　　述
AllowPaging	是否启用分页功能
AllowSorting	是否启用排序功能
AutoGenerateColumns	是否为数据源中的每个字段自动创建绑定字段

续表

属性	描述
AutoGenerateDeleteButton	指示每个数据行都带有"删除"按钮的 CommandField 字段列是否自动添加到 GridView 控件
AutoGenerateEditButton	指示每个数据行都带有"编辑"按钮的 CommandField 字段列是否自动添加到 GridView 控件
AutoGenerateSelectButton	指示每个数据行都带有"选择"按钮的 CommandField 字段列是否自动添加到 GridView 控件
BackColor	获取或设置背景色
BackImageUrl	获取或设置要在 GridView 控件背景中显示的图像的 URL
BorderColor	获取或设置 Web 服务器控件的边框颜色
BorderStyle	获取或设置 Web 服务器控件的边框样式
BorderWidth	获取或设置 Web 服务器控件的边框宽度
CellPadding	获取或设置单元格的内容和单元格的边框之间的空间量
CellSpacing	获取或设置单元格间的空间量
Columns	获取表示 GridView 控件中字段列的 DataControlField 对象的集合
DataSource	数据绑定控件从该对象中检索其数据项列表
DataSourceID	获取或设置控件的 ID,数据绑定控件从该控件中检索其数据项列表
FooterStyle	设置 GridView 控件中脚注行的外观
ForeColor	获取或设置 Web 服务器控件的前景色
HeaderStyle	设置 GridView 控件中的标题行的外观
HorizontalAlign	获取或设置 GridView 控件在页面上的水平对齐方式
PageCount	获取在 GridView 控件中显示数据源记录所需的页数
PageIndex	获取或设置当前显示页的索引
PageStyle	设置 GridView 控件中的页导航行的外观
PageTemplate	获取或设置 GridView 控件中页导航行的自定义内容
PageSize	获取或设置 GridView 控件在每页上所显示的记录的数目
Rows	获取表示 GridView 控件中数据行的 GridViewRow 对象的集合
RowStyle	设置 GridView 控件中的数据行的外观
SelectArguments	从数据源控件检索数据时使用的 DataSourceSelectArguments 对象
SelectedIndex	获取或设置 GridView 控件中的选中行的索引
SelectedRow	获取对 GridViewRow 对象的引用,该对象表示控件中的选中行
SelectedValue	获取 GridView 控件中选中行的数据键值
ShowFooter	获取或设置一个值,该值指示是否在 GridView 控件中显示脚注行
ShowHeader	获取或设置一个值,该值指示是否在 GridView 控件中显示标题行

表 10-6　　　　　　　　　　　　**GridView 控件的常用方法**

方法	描述
CreateColumns	创建用来构建控件层次结构的列字段集
CreateRow	在 GridView 控件中创建行
DataBind	将数据源绑定到 GridView 控件
DeleteRow	从数据源中删除位于指定索引位置的记录
GetData	检索数据绑定控件用于执行数据操作的数据源对象
OnDataBinding	引发 DataBinding 事件
OnDataSourceViewChanged	引发 DataSourceViewChanged 事件
OnRowCommand	引发 RowCommand 事件
OnRowCreated	引发 RowCreated 事件
OnRowDataBound	引发 RowDataBound 事件
OnRowDeleted	引发 RowDeleted 事件
OnRowDeleting	引发 RowDeleting 事件
OnRowEditing	引发 RowEditing 事件
OnRowUpdated	引发 RowUpdated 事件
OnRowUpdating	引发 RowUpdating 事件
OnSelectedIndexChanged	引发 SelectedIndexChanged 事件
OnSelectedIndexChanging	引发 SelectedIndexChanging 事件
OnSorted	引发 Sorted 事件
OnSorting	引发 Sorting 事件
OnUnload	引发 Unload 事件
Sort	根据指定的排序表达式和方向对 GridView 控件进行排序
UpdateRow	使用行的字段值更新位于指定行索引位置的记录

GridView 的很多方法是用来触发 GridView 事件的，OnRowDeleted 方法是用来引发 RowDeleted 事件的，通过一系列事件的执行完成数据操作。表 10-7 给出了 GridView 控件的常用事件。

表 10-7　　　　　　　　　　　　**GridView 控件的常用事件**

事件	描述
DataBinding	当服务器控件绑定到数据源时发生

续表

事件	描述
DataBound	在服务器控件绑定到数据源后发生
PageIndexChanged	在单击某一页导航按钮时,但在 GridView 控件处理分页操作之后发生
PageIndexChanging	在单击某一页导航按钮时,但在 GridView 控件处理分页操作之前发生
RowCommand	当单击 GridView 控件中的按钮时发生
RowCreated	在 GridView 控件中创建行时发生
RowDataBound	在 GridView 控件中将数据行绑定到数据时发生
RowDeleted	GridView 控件删除该选的行之后发生
RowDeleting	GridView 控件删除该选的行之前发生
RowEditing	单击某一行的"编辑"按钮后,进入编辑模式之前发生
RowUpdated	单击某一行的"更新"按钮,进行更新之后发生
RowUpdating	单击某一行的"更新"按钮后,进行更新之前发生
SelectedIndexChanged	单击某一行的"选择"按钮,对相应的选择操作进行处理之后
SelectedIndexChanging	单击某一行的"选择"按钮后,对相应选择操作进行处理之前
Sorted	单击用于列排序的超链接时,对相应的排序操作进行处理之后
Sorting	单击用于列排序的超链接时,在对相应的排序操作进行处理之前

10.2.2 GridView 控件的样式

在使用 GridView 控件的时候一般都要配合 DataSource 数据源控件使用,下面的案例不做特殊说明的情况均以 GridView 与 SqlDataSource 控件结合使用实现。GridView 控件样式设置包括总体外观设置,对数据行的外观设置以及对数据列的外观设置。

(1)总体外观设置

使用 GridView 设置总体外观的时候,一般可以先从"自动套用样式"中选择一个样式,然后在此样式的基础上修改 RowStyle-BackColor、RowStyle-Font、RowStyle-HorizontalAlign 等属性,从而得到满足要求的样式效果。

【示例 10-2】 GridView 的样式设置。

该示例演示使用 GridView 绑定数据到"工资管理"数据库的"员工信息"数据表后,设置总体外观样式。

①在 Visual Studio 2010 中打开"chap10.sln"。

②在项目目录下添加新的窗体，并命名为"示例10-2.axps"。

③在"示例10-2.aspx"页面文件的设计视图下，为页面添加 GridView 和 SqlDataSource 控件。

④为 SqlDataSource 控件配置数据源，绑定到"员工信息"数据表。

⑤在 GridView 任务列表中配置 GridView 控件的数据源为"SqlDataSource1"，并选择"启用分页"选项，如图10-9所示。

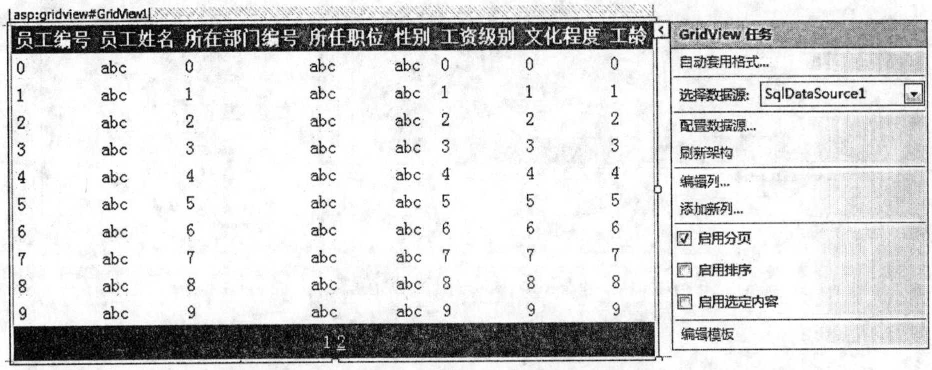

图10-9 GridView 任务列表配置数据源选择"启用分页"

⑥选择 DataList 控件的样式。点击控件右侧的小三角，在"DataList 任务"中点击"自动套用格式"，弹出如图10-10所示的对话框，选择"蓝黑1"样式，单击"确定"按钮。

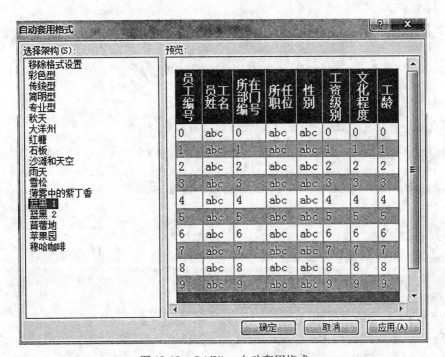

图10-10 GridView 自动套用格式

⑦在设计视图界面，利用属性管理器设置 GridView 总体样式和行的样式，如 PageSize 属性可以控制每一页显示的行的数目，设置 RowStyle 属性，如设置 BackColor 属性，可以控制行的背景颜色，设置自定义样式后效果如图 10-11 所示。

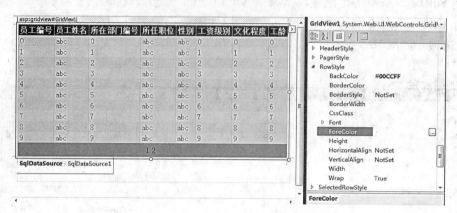

图 10-11　设置 GridView 控件的 RowStyle 属性

⑧运行程序，页面效果如图 10-12 所示。

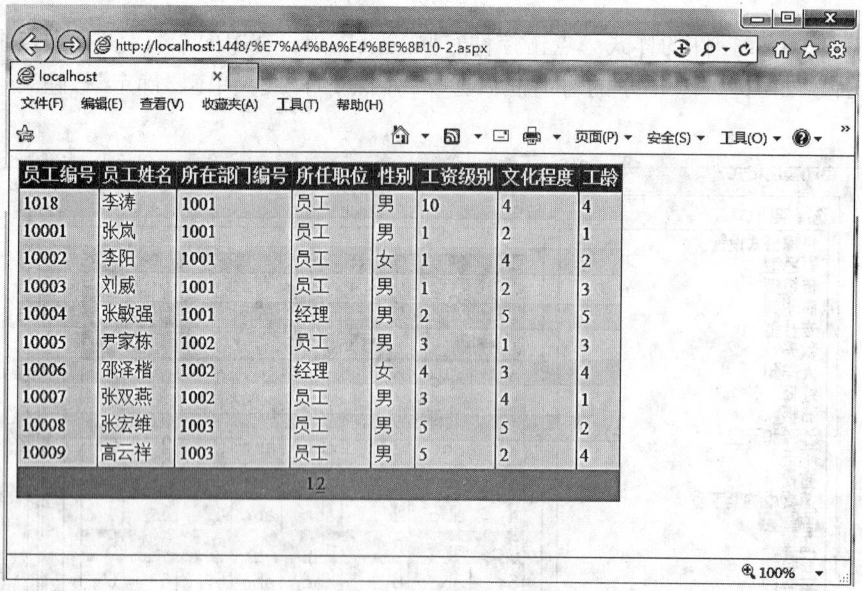

（图中均为化名）

图 10-12　自定义 GridView 数据行的外观

（2）GridView 控件的数据列

GridView 控件中的列用 DataControlField 对象表示，默认情况下，AutoGenerateColumns 属性是为 true 的，这样就能够为数据源中的每一个字段自动创建一个 AutoGeneratedField 对象，使得每一个字段按照在数据源中出现的顺序显示在 GridView 控件中。

可以将 AutoGenerateColumns 属性设置为 false，然后自定义列字段集合，也可以手动控制哪些列字段将显示在 GridView 控件中。不同的列类型决定了控件中各列的行为，表 10-8 列出了 GridView 控件可以使用的不同列类型。

表 10-8　　　　　　　　　　　　**GridView 控件列的类型**

列类型	描　　述
BoundField	显示数据源中某个字段的值，是 GridView 控件的默认列类型
ButtonField	为 GridView 控件中的每个项显示一个命令按钮，以创建一列自定义按钮控件
CheckBoxField	为 GridView 控件中的每一项显示一个复选框，此列类型通常用于显示具有布尔值的字段
CommandField	显示用来执行选择、编辑或删除操作的预定义命令按钮
HyperLinkField	将数据源中某个字段的值显示为超链接，此列类型允许将另一个字段绑定到超链接的显示文本中
ImageField	为 GridView 控件中的每一项添加一个图像
TemplateField	根据指定的模板为 GridView 控件中的每一项显示用户定义的内容，此列类型可以创建自定义的列字段

以上列的类型是 GridView 控件的列"字段"，列样式的设置是通过"字段"对话框来完成的。通常可以在设计视图中点击 GridView 控件右侧的小三角，进入"GridView 任务"列表，选择"编辑列"命令或者通过属性管理器的"Columns"属性进入"字段"编辑对话框，如图 10-13 所示。

从图 10-13 中可以看到"字段"对话框主要由 3 个部分构成，"可用字段"、"选定的字段"和"BoundField 属性"，在对话框中还有一个"自动生成字段"选项。"可用字段"显示了可供使用的列的类型，"选定的字段"是从"可用字段"中添加进来的，用来在 GridView 中显示的列。其下方有个复选框"自动生成字段"，如果选中了就会根据 DataSource 控件中检索出来的数据自动生成列，如果用户自己设定列的格式，需要将此复选框清空。"BoundField 属性"设置每个"可用字段"的属性，可以根据开发的需要从"可用字段"中选择列添加到"选定的字段"中，然后设置 BoundField 属性。

现在以 BoundField 列为例，介绍使用"字段"对话框设置列样式。BoundField 中的重要属性包括：

ControlStyle：设置或获取当前列中控件的样式；

HeaderStyle：设置或获取当前列中页眉的样式；

FooterStyle：设置或获取当前列中页脚的样式；

ItemStyle：设置或获取当前列中数据行的样式；

ReadOnly：设置或获取当前列是否只读列；

SortExpression：排序表达式，这里只填数据源的列名；

Visible：设置或获取当前列是否可见；

HeaderText：设置或获取头部文本；

FooterText：设置或获取脚注文本；

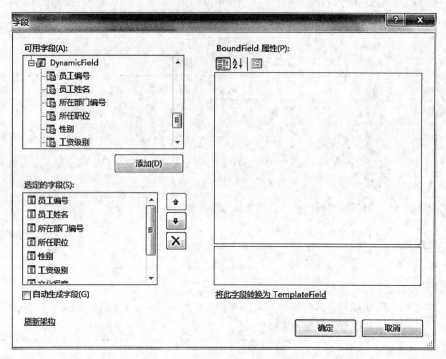

图 10-13　GridView 控件的"字段"对话框

DataField：设置或获取当前列数据行要显示的数据字段的名称；

DataFormatString：数据进行格式化显示。

【示例 10-3】　设置 GridView 控件的列。

以示例 10-2 为基础，修改"员工姓名"列，使其对齐方式为垂直居中和水平居中，并给该列边框加上一定的样式。

① 在设计视图中点击 GridView 右侧的小三角，在"GridView 任务"列表框中选择"编辑列"，打开如图 10-13 所示的"字段"对话框。

②在"可用字段"中选择"BoundField"，然后在"选定的字段"中选择"员工姓名"列。

③在"BoundField 属性"列表框中设置"ItemStyle"的"HorizontalAlign"属性和"VerticalAlign"属性分别为 Center 和 Middle，BackColor 为#33CCCC，BorderStyle 为 Solid，如图 10-14 所示。

④ 运行该程序，页面效果如图 10-15 所示。

（3）GridView 控件的数据行

简单的数据行的样式设置可以由属性管理器来完成，如示例 10-2 中对数据行背景颜色的设置。如果要对数据行中某一特定行做处理，首先需要获得要操作的数据行是哪一行，然后进行编辑，再将编辑后的结果重新写到数据行中。这一过程看似复杂，但是 GridView 为我们提供了两个方法用于控制在数据行被创建和被绑定的时候所发生的事件，即 OnRowCreated 方法触发的 RowCreated 事件和 OnRowDataBound 方法触发的 RowDataBound 事件。

RowDataBound 事件中的参数 GridViewRowEventArgs 对象将传递给事件处理方法，以便用户可以访问正在绑定的行的属性。若要访问数据行中的特定单元格，就要使用

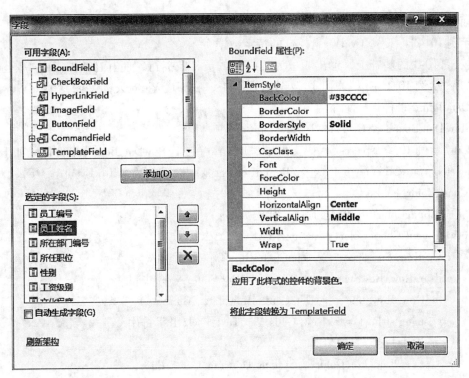

图 10-14 设置 GridView 的列样式

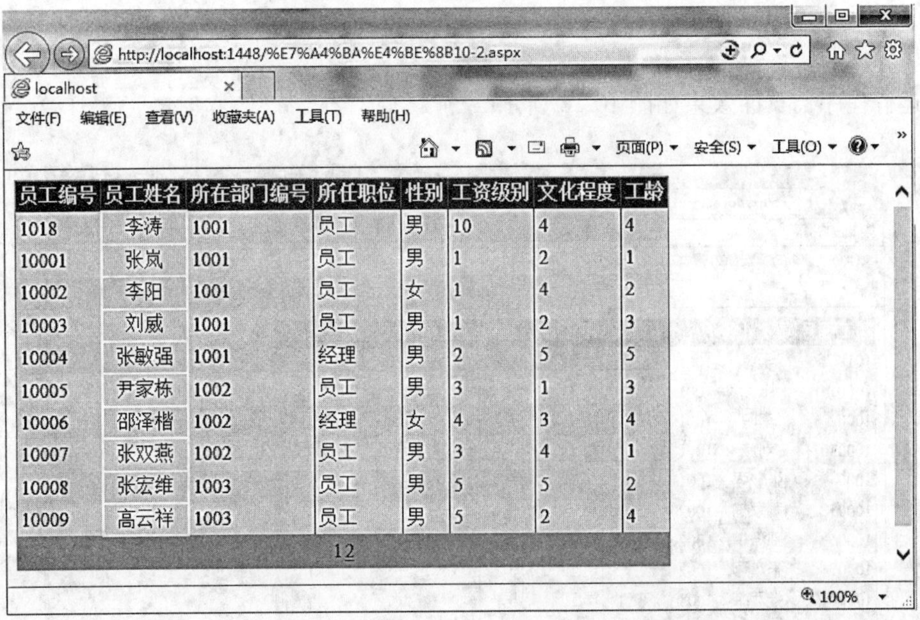

图 10-15 GridView 控件列样式设置效果

（图中均为化名）

GridViewRowEventArgs 对象的 Row 属性中包含的 GridViewRow 对象的 Cells 属性。而使用 RowType 属性可确定正在绑定的是哪一种行类型（标题行、数据行等）。

下面通过一个例子，演示特定数据行的操作。

【示例10-4】 设置 GridView 控件的特定数据行。

在示例10-3的基础上，标出职位为"经理"的员工数据行，使其在数据表中高亮显示。

① 将"示例10-2.aspx"页面切换至源视图中，在 GridView 头标签内给 GridView1 添加 OnRowDataBound 事件代码如下：

OnRowDataBound="GridView1_RowDataBound"

② 在"示例10-2.aspx.cs"代码文件中添加 GridView1_RowDataBound 事件代码如下：

```
protected void GridView1_RowDataBound(object sender,GridViewRowEventArgs e){
    ChangColor(e);  }
```

③ 完成 ChangColor(e) 方法的逻辑，代码如下：

```
private void ChangColor(GridViewRowEventArgs e)  {
    if(e.Row.RowType == DataControlRowType.DataRow)  {
      if(e.Row.RowState == DataControlRowState.Normal ||
      e.Row.RowState == DataControlRowState.Alternate)  {
        string strPost = e.Row.Cells[3].Text;//取出字符串
        if(strPost == "经理")  {
          e.Row.ForeColor = System.Drawing.Color.Pink;  }
        }
      }
    }
```

④ 运行程序，页面效果如图10-16所示。

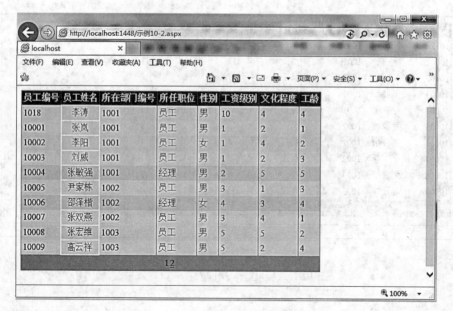

（图中均为化名）

图10-16　GridView 控件中数据行样式设置

10.2.3 GridView 控件的分页与排序

当数据表中的数据项有很多时，就会将数据进行分页显示。GridView 控件提供了自动分页显示的功能，从示例 10-2 中可以知道，只要在"GridView 任务"列表中选择"启用分页"即可实现自动分页功能。同时，也可以通过设置 AllowPaging 属性为 True 来实现自动分页。使用 PageSetting 类可以实现分页模式的自定义，PageSize 用于设定每页显示的数据行数。如下列代码启动了 GridView 控件的自动分页功能，且每页显示 5 条数据：

<asp:GridView ID="GridView1" runat="server" AllowPaging="True" PageSize=5>
<PageSettings NextPageText="下一页" PreviousPageText="上一页" /> </asp:GridView>

设置 NextPageText 和 PreviousPageText 的属性后，GridView 数据的分页通过单击页面上的"上一页"和"下一页"来实现翻页，如果不设置该属性，默认以数字的方式显示分页。

当支持排序的数据源控件绑定到 GridView 控件时，GridView 控件提供自动排序功能。若要启用排序，需要将 AllowSorting 属性设置为 true。当启用排序时，就会设置 SortExpression 属性的每个列字段的标题文本都显示为链接按钮。单击列的链接按钮将使 GridView 控件中的项根据排序表达式排序，反复单击列的链接按钮将在升序和降序之间切换排序方向。一般排序表达式仅仅是显示在列中的字段的名称，它将使 GridView 控件按照该列排序。若要按多个字段排序，需要使用一个包含以逗号分隔的字段名列表的排序表达式。使用 SortExpression 属性还可确定 GridView 控件正在应用的排序表达式，使用 SortDirection 属性可以确定当前排序方向。

如果是以编程的方式设置 GridView 控件的 DataSource 属性时，那么在将 GridView 控件绑定到数据源时就需要使用 Sorting 事件提供排序功能。

10.2.4 GridView 控件的数据操作

当数据通过 GridView 控件加载到页面后，往往还需要对数据进行一系列操作，例如，修改某一条数据记录，删除某一套数据记录或插入新的数据记录等，而这些都可以通过数据源控件与 GridView 控件配合使用来实现。GridView 控件提供了数据更新和删除的链接按钮，实现数据的修改和删除功能，而数据的插入往往以编程的方式实现。GridView 控件启用删除或修改功能只要将 AutoGenerateDeleteButton 属性、AutoGenerateEditButton 属性设为 True 即可。此时，在 GridView 控件的每一行都会出现相应的"删除"和"编辑"按钮，如图 10-17 所示，通过按钮的单击事件实现数据删除或数据更新。

【示例 10-5】 使用 GridView 控件实现数据更新和删除。

本例在示例 10-4 的基础上实现数据的更新和删除操作，实现该功能需要以下步骤：

①在示例 10-4 页面文件的基础上设置 GridView 控件的 AutoGenerateDeleteButton 属性、AutoGenerateEditButton 属性为 True。

②设置 SqlDataSource 控件的 UpdateCommand 和 DeleteCommand 属性，用以实现数据的更新和删除。

③定义 UpdateCommand 和 DeleteCommand 命令中所用到的参数。最后"示例 10-3. aspx"

第 10 章 数据服务器控件

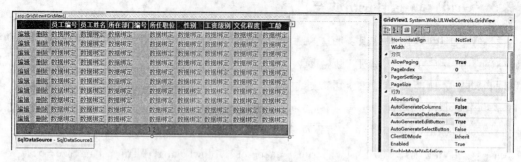

图 10-17 GridView 控件设置数据操作属性

页面文件的完整代码如下：

```
<div>
  <asp:GridView ID="GridView1" runat="server" AllowPaging="True"
    AutoGenerateColumns="False" BackColor="White" BorderColor="#999999"
    BorderStyle="Solid" BorderWidth="1px" CellPadding="3" DataKeyNames="员工编号"
    DataSourceID="SqlDataSource1" ForeColor="Black" GridLines="Vertical"
    OnRowDataBound="GridView1_RowDataBound" AutoGenerateDeleteButton="True"
    AutoGenerateEditButton="True" >
    <AlternatingRowStyle BackColor="#CCCCCC" />
    <Columns>
      <asp:BoundField DataField="员工编号" HeaderText="员工编号" ReadOnly="True"
        SortExpression="员工编号" />
      <asp:BoundField DataField="员工姓名" HeaderText="员工姓名"
        SortExpression="员工姓名" >
        <ItemStyle BorderColor="Yellow" BorderStyle="Solid" BorderWidth="2px"
          HorizontalAlign="Center" VerticalAlign="Middle" />
      </asp:BoundField>
      <asp:BoundField DataField="所在部门编号" HeaderText="所在部门编号"
        SortExpression="所在部门编号" />
      <asp:BoundField DataField="所任职位" HeaderText="所任职位"
        SortExpression="所任职位" />
      <asp:BoundField DataField="性别" HeaderText="性别" SortExpression="性别" />
      <asp:BoundField DataField="工资级别" HeaderText="工资级别"
        SortExpression="工资级别" />
      <asp:BoundField DataField="文化程度" HeaderText="文化程度"
        SortExpression="文化程度" />
      <asp:BoundField DataField="工龄" HeaderText="工龄" SortExpression="工龄" />
```

```
</Columns>
<FooterStyle BackColor="#CCCCCC" />
<HeaderStyle BackColor="Black" Font-Bold="True" ForeColor="White" />
<PageSettings NextPageText="下一页" PreviousPageText="上一页" />
<PageStyle BackColor="#999999" ForeColor="Black" HorizontalAlign="Center" />
<RowStyle BackColor="#00CCFF" />
<SelectedRowStyle BackColor="#000099" Font-Bold="True" ForeColor="White" />
<SortedAscendingCellStyle BackColor="#F1F1F1" />
<SortedAscendingHeaderStyle BackColor="Gray" />
<SortedDescendingCellStyle BackColor="#CAC9C9" />
<SortedDescendingHeaderStyle BackColor="#383838" />
</asp:GridView>
<asp:SqlDataSource ID="SqlDataSource1" runat="server"
    ConnectionString="<%$ ConnectionStrings:工资管理系统ConnectionString4 %>"
    SelectCommand="SELECT * FROM [员工信息]"
    OldValuesParameterFormatString="ori_{0}"
    UpdateCommand="UPDATE [员工信息] SET [员工姓名]=@员工姓名,
    [所在部门编号]=@所在部门编号,[所任职位]=@所任职位,[性别]=@性别,
    [工资级别]=@工资级别,[文化程度]=@文化程度,[工龄]=@工龄
    WHERE [员工编号]=@ori_员工编号"
    DeleteCommand="DELETE FROM [员工信息] WHERE [员工编号]
    =@ori_员工编号">
<UpdateParameters>
<asp:Parameter Name="员工姓名" Type="String" />
<asp:Parameter Name="所在部门编号" Type="Int32" />
<asp:Parameter Name="所任职务" Type="String" />
<asp:Parameter Name="性别" Type="String" />
<asp:Parameter Name="工资级别" Type="Int32" />
<asp:Parameter Name="文化程度" Type="Int32" />
<asp:Parameter Name="工龄" Type="Int32" />
<asp:Parameter Name="ori_员工编号" Type="Int32" />
<asp:Parameter Name="ori_员工姓名" Type="String" />
<asp:Parameter Name="ori_所在部门编号" Type="Int32" />
<asp:Parameter Name="ori_所任职务" Type="String" />
<asp:Parameter Name="ori_性别" Type="String" />
<asp:Parameter Name="ori_工资级别" Type="Int32" />
<asp:Parameter Name="ori_文化程度" Type="Int32" />
<asp:Parameter Name="ori_工龄" Type="Int32" />
```

```
        </UpdateParameters>
        <DeleteParameters>
            <asp:Parameter Name="ori_员工编号" Type="Int32" />
            <asp:Parameter Name="ori_所在部门编号" Type="Int32" />
            <asp:Parameter Name="ori_所任职位" Type="String" />
            <asp:Parameter Name="ori_性别" Type="String" />
            <asp:Parameter Name="ori_工资级别" Type="Int32" />
            <asp:Parameter Name="ori_文化程度" Type="Int32" />
            <asp:Parameter Name="ori_工龄" Type="Int32" />
        </DeleteParameters>
    </asp:SqlDataSource>
    <br />
</div>
```

④运行程序，页面首次加载如图 10-18 所示，选择数据行对应的"删除"按钮，可以删除选定的数据行。单击"编辑"按钮，出现如图 10-19 所示的界面，可以对数据信息进行编辑，然后点击"更新"，将编辑后的数据更新到数据库，点击"取消"按钮，则可返回原界面。

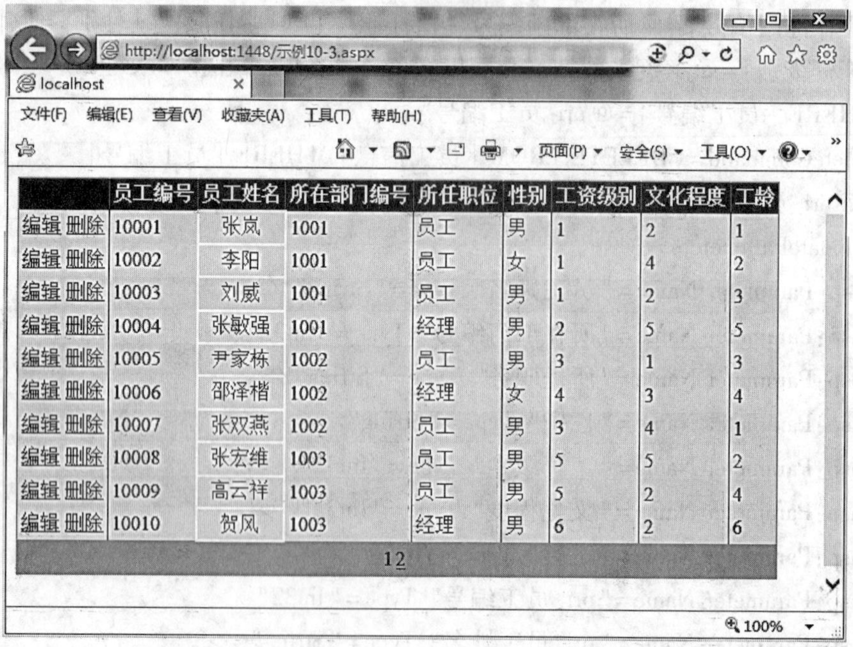

（图中均为化名）

图 10-18　使用 GridView 控件数据操作页面首次加载

GridView 新增数据记录一般要在界面中添加按钮控件，通过按钮控件的单击事件与 ADO.NET 的数据访问对象相结合来完成，正如前面章节所介绍的一样，这里不再重复。

（图中均为化名）

图 10-19　使用 GridView 控件编辑数据

10.3　Repeater 控件

Repeater 控件是一个基本模板数据绑定列表，它没有内置的布局或样式，因此，必须在该控件的模板内自定义声明所有的布局、格式设置和样式标记。Repeater 控件是允许在模板间进行标记拆分的，例如，若要利用模板创建 Table，要在 HeaderTemplate 中包含 Table 开始标记(<table>)，在 FooterTemplate 中包含表结束标记(</table>)，而在 ItemTemplate 中包含单个 Table 的行标记(<tr>)和列标记(<td>)。

10.3.1　Repeater 控件的属性、方法和事件

Repeater 控件具有很强的灵活性，可以根据用户的需求设计所需要的样式，而且 Repeater 没有内置的选择功能和编辑支持，这就需要开发者通过手动代码的方式完成这些功能。Repeater 控件提供了一系列的属性、方法和事件来支持上述功能的实现。表 10-9、表 10-10 和表 10-11 分别给出了 Repeater 控件的常用属性、方法和事件。

表 10-9　　　　　　　　　　　　**Repeater 控件的常用属性**

属性	描述
DataMember	获取或设置 DataSource 中要绑定到控件的特定表
DataSource	获取或设置为填充列表提供数据的数据源
DataSourceID	获取或设置数据源控件的 ID 属性，来检索其数据源
FooterTemplate	定义如何显示 Repeater 控件的脚注部分
HeaderTemplate	定义如何显示 Repeater 控件的标头部分
IsBoundUsingDataSourceID	获取指示是否设置 DataSourceID 属性的值

续表

属性	描　　述
Items	获取 Repeater 控件中的 RepeaterItem 对象的集合
ItemTemplate	定义如何显示 Repeater 控件中的项
SelectArguments	获取从数据源控件检索数据时 Repeater 控件使用的 DataSource SelectArguments 对象
SelectMethod	为读取数据要调用的方法的名称
SeparatorTemplate	定义如何显示各项之间的分隔符
UniqueID	获取服务器控件唯一的、以分层形式限定的标识符

表 10-10　　　　　　　　　　　　**Repeater 控件的常用方法**

方法	描　　述
DataBind	将 Repeater 控件及其所有子控件绑定到指定数据源
DataBindChildren	将数据源绑定到服务器控件的子控件
Dispose	使服务器控件得以在从内存中释放之前执行最后的清理操作
FindControl	在当前的命名容器中搜索服务器控件，一般通过 ID 或名称搜索
Focus	为控件设置输入焦点
GetData	从数据源返回 IEnumerable 接口
OnDataBinding	引发 DataBinding 事件
OnItemCommand	引发 ItemCommand 事件
OnItemCreated	引发 ItemCreated 事件
OnItemDataBound	引发 ItemDataBound 事件
OnLoad	引发 Load 事件并执行其他初始化

表 10-11　　　　　　　　　　　　**Repeater 控件的常用事件**

事件	描　　述
DataBinding	当服务器控件绑定到数据源时发生
ItemCommand	在 Repeater 控件中单击某个按钮时发生
ItemCreated	当在 Repeater 控件中创建一项时发生
ItemDataBound	该事件在 Repeater 控件中的某一项被数据绑定后但尚未呈现在页面上之前发生

10.3.2　Repeater 控件的模板与数据绑定

Repeater 控件完全是由模板驱动的，因此，同样的 DataSource 通过应用不同的模板，就可以得到完全不同的外观显示,可以通过 CSS 样式设置 Repeater 控件内表格的样式。Repeater 控件的各模板及其说明见表 10-12,在 Repeater 控件中至少定义一个 ItemTemplate 模板。

表 10-12　　　　　　　　　　　　　**Repeater 控件的模板**

模板名称	说　　　明
ItemTemplate	定义列表中项目的内容和布局,此模板为必选
AlternatingItemTemplate	如果定义,则可以确定交替项的内容和布局,如果未定义,则使用 ItemTemplate,交替项的索引从 0 开始
SeparatorTemplate	如果定义,则呈现在项(以及交替项)之间,如果未定义,则不呈现分隔符
HeaderTemplate	如果定义,则可以确定列表标头的内容和布局,如果没有定义,则不呈现标头
FooterTemplate	如果定义,则可以确定列表脚注的内容和布局,如果没有定义,则不呈现脚注

下面代码声明了一个 Repeater 控件,并用 Table 布局数据项,在表格的第一行定义表头,之后每行绑定相应字段值,具体代码如下:

```
<asp:Repeater id="cdcatalog" runat="server">
  <HeaderTemplate> <table border="1" width="100%">
  <tr>
   <th>name</th>
   <th>age</th>
   <th>dgender</th>
  </tr>
  </HeaderTemplate>
  <ItemTemplate>
  <tr>
   <td><%#Eval("绑定字段")%></td>
   <td><%#Eval("绑定字段")%></td>
   <td><%#Eval("绑定字段")%></td>
  </tr>
  ……
  </ItemTemplate>
  <FooterTemplate></table></FooterTemplate>
</asp:Repeater>
```

Repeater 控件提供了两个属性以支持数据绑定,一个是绑定到 DataSource 接口的任意对象,需要使用 DataSource 属性来指定数据源。在设置 DataSource 属性时,开发人员需要手动编写代码才能执行数据绑定。若要将 Repeater 控件自动绑定到由数据源控件表示的数据源,需要将 DataSourceID 属性设置为要使用的数据源控件的 ID。在设置 DataSourceID 属性时，Repeater 控件自动绑定到第一个请求上指定的数据源控件。因此，如果不更改 Repeater 控件与数据源相关的属性，就不必显式调用 DataBind 方法。

Repeater 控件将其 ItemTemplate 和 AlternatingItemTemplate 绑定到由其 DataSource 属性声明和引用的数据模型，或绑定到由其 DataSourceID 属性指定的数据源控件。HeaderTemplate、FooterTemplate 和 SeparatorTemplate 都未进行数据绑定。

如果设置了 Repeater 控件的数据源但未返回数据，该控件将呈现不带项的 HeaderTemplate 和 FooterTemplate，如果数据源为 null，则不呈现 Repeater。

【示例10-6】 使用 Repeater 控件绑定工资管理数据库中的员工信息表，使其显示员工编号、员工姓名、所任职位和工资级别 4 项信息。

①在 Visual Studio 2010 中打开"chap10.sln"解决方案与项目，新建页面窗体"示例10-6.aspx"。

②在"示例10-6.aspx"页面文件中添加 Button 控件，用于在单击事件中绑定数据源，添加 Repeater 控件并用 Table 进行布局，代码如下：

```
<div>
    <asp:Button runat="server" ID="btnQuery" onclick="btnQuery_Click" Text="查询数据"/>
    <br />
    <asp:Repeater ID="rptQuery" runat="server">
    <HeaderTemplate><table class=a>
        <tr><td>员工编号</td><td>员工姓名</td><td>职位</td><td>工资级别</td></tr>
    </HeaderTemplate>
    <ItemTemplate>
        <tr>
        <td><%#Eval("员工编号")%></td>
        <td><%#Eval("员工姓名")%></td>
        <td><%#Eval("所任职位")%></td>
        <td><%#Eval("工资级别")%></td>
        </tr>
    </ItemTemplate>
    <FooterTemplate></table></FooterTemplate>
    </asp:Repeater><br />
</div>
```

③默认 Repeater 控件中的表格是没有边框的，在 HTML 的头部加入 CSS 样式，使表格能够显示边框：

```
<head runat="server">
    <title></title>
    <style type="text/css">
    .a{border-collapse:collapse; border:1px solid #3300FF;}
```

```
. a tr td{border:1px solid #3300FF;}
    </style>
</head>
```
④切换到"示例10-6.aspx.cs"代码文件,引入命名空间:
using System.Data.SqlClient;
using System.Data;
⑤为"查询数据"按钮的单击事件添加如下代码:
```
protected void btnQuery_Click(object sender, EventArgs e) {
    SqlDataAdapter adp = new SqlDataAdapter();
    SqlConnection conn = new SqlConnection();
    conn.ConnectionString =
    "LZK-THINK;Initial Catalog=工资管理;Integrated Security=True";
    SqlCommand command = new SqlCommand();
    command.CommandText =
        "select 员工编号,员工姓名,所任职位,工资级别 from 员工信息";
    command.Connection = conn;
    adp.SelectCommand = command;
    DataSet ds = new DataSet();
    adp.Fill(ds,"员工信息");
    rptQuery.DataSource = ds.Tables["员工信息"];
    rptQuery.DataBind(); }
```
⑥运行程序,页面首次加载只能显示"查询数据"按钮,点击该按钮,绑定数据到Repeater控件,并以表格的形式显示出来,如图10-20所示。

以上过程是将数据库数据表中的数据绑定到Repeater控件中,属于查询数据的结果,还可以通过代码的形式,对Repeater控件中的数据进行操作。

【示例10-7】 在Repeater控件数据列表中删除数据记录。

①在"示例10-6"页面文件的Repeater控件后面添加Button控件,用于删除数据,添加文本框用于提供用户根据"员工编号"输入信息,代码如下:

输入要删除的员工编号<asp:TextBox runat="server" ID="txtdel" Width=30px>
</asp:TextBox><asp:Button runat="server" ID="btndel" Text="删除" />

②"删除"按钮的单击事件如下:
```
protected void btndel_Click(object sender, EventArgs e) {
    SqlDataAdapter adp = new SqlDataAdapter();
    SqlConnection conn = new SqlConnection();
    conn.ConnectionString =
    " LZK-THINK;Initial Catalog=工资管理;Integrated Security=True";
    SqlCommand command = new SqlCommand();
    command.CommandText =
        "select 员工编号,员工姓名,所任职位,工资级别 from 员工信息";
    command.Connection = conn;
```

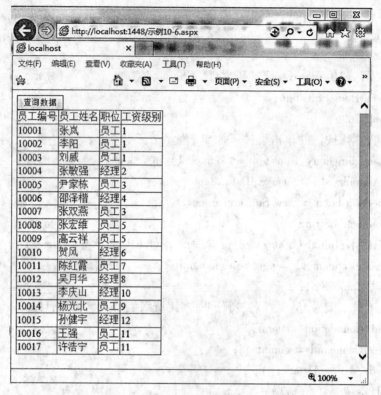

（图中均为化名）

图 10-20　Repeater 控件绑定数据

```
SqlCommand commandelete = new SqlCommand();
commandelete.CommandText = "delete 员工信息 where 员工编号=@id";
commandelete.Connection = conn;
commandelete.Parameters.Add("@id",SqlDbType.Int,15,"员工编号");
adp.DeleteCommand = commandelete;
adp.SelectCommand = command;
DataSet dst = new DataSet();
adp.Fill(dst,"员工信息");
int inputid = Convert.ToInt32(txtdel.Text.Trim());//输入的文章类型的编号为
DataRow delrow = null;
foreach(DataRow dr in dst.Tables["员工信息"].Rows) {
    int foundid = Convert.ToInt32(dr["员工编号"].ToString());
    if(foundid == inputid) {
        delrow = dr;
        break;
    }
}
if(delrow != null) {
    delrow.Delete();
```

adp. Update(dst,"员工信息");
txtdel. Text = " ";   }
}

③运行程序,页面初次加载如图 10-21 所示,点击按钮"查询数据",页面效果与图 10-20 相同。

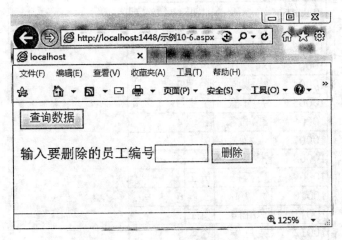

图 10-21 初次加载页面

④在数据删除的文本框中输入员工编号"10017"后,点击"删除"按钮,再次点击"查询数据"按钮,页面效果如图 10-22 所示,将员工编号为"10017"的员工信息删除。

【示例 10-8】 在 Repeater 控件数据列表中新增数据记录。

使用 Repeater 控件绑定到工资管理数据的部门信息数据表,为该表新增一个部门信息的记录。

①在 Visual Studio 2010 中打开"chap10. sln"解决方案与项目,新建页面窗体"示例 10-8. aspx"。

②在"示例 10-8. aspx"页面文件中添加两个 Button 控件,一个用于在单击事件中绑定数据源,一个用于在单击事件中添加数据记录。页面中添加 3 个文本框,提供用户需要新增部门信息的输入,添加 Repeater 控件并用 Table 进行布局,代码如下:

```
<head runat="server">
    <title></title>
        <style type="text/css">
    .a{border-collapse:collapse; border:1px solid #3300FF;}
    .a tr td{border:1px solid #3300FF;}
        </style>
</head>
<body>
    <form id="form1" runat="server">
    <div>
```

（图中均为化名）

图 10-22 数据删除后查询结果

```
<asp:Repeater ID="rptShow" runat="server">
<HeaderTemplate><table class=a>
 <tr><td>部门编号</td><td>部门名称</td><td>部门人数</td></tr>
</HeaderTemplate>
<ItemTemplate>
<tr>
<td><% #Eval("部门编号") %></td>
<td><% #Eval("部门名称") %></td>
<td><% #Eval("部门人数") %></td>
</tr>
</ItemTemplate>
<FooterTemplate></table></FooterTemplate>
```

```
        </asp:Repeater><br />
        新部门编号:<asp:TextBox runat="server" ID="txtID"></asp:TextBox><br />
        新部门名称:<asp:TextBox runat="server" ID="txtName"></asp:TextBox><br />
        新部门人数:<asp:TextBox runat="server" ID="txtNum"></asp:TextBox><br />
        <asp:Button ID="btnAdd" runat="server" Text="新增" onclick="btnAdd_Click" />
    </div>
    </form>
</body>
```

③切换到"示例10-8.aspx.cs"代码文件,引入命名空间:

```
using System.Data.SqlClient;
using System.Data;
```

④在页面加载事件中添加如下代码,用于显示部门信息数据表中的数据:

```
protected void Page_Load(object sender, EventArgs e)
{
    if(!IsPostBack)
    {
        SqlDataAdapter adp = new SqlDataAdapter();
        SqlConnection conn = new SqlConnection();
        conn.ConnectionString =
            "LZK-THINK;Initial Catalog=工资管理;Integrated Security=True";
        SqlCommand command = new SqlCommand();
        command.CommandText = "select * from 部门信息";
        command.Connection = conn;
        adp.SelectCommand = command;
        DataSet ds = new DataSet();
        adp.Fill(ds,"部门信息");
        rptShow.DataSource = ds.Tables["部门信息"];
        rptShow.DataBind();
    }
}
```

⑤在"新增"按钮的单击事件中添加如下代码:

```
protected void btnAdd_Click(object sender, EventArgs e)
{
    SqlConnection conn = new SqlConnection();
    conn.ConnectionString =
        "LZK-THINK;Initial Catalog=工资管理;Integrated Security=True";
    conn.Open();
    SqlCommand commandinsert = new SqlCommand();
    commandinsert.CommandText = "insert into 部门信息(部门编号,部门名称,部门人数)
        values(@DeptID,@DeptName,@DeptNum)";
```

commandinsert. Connection = conn;

SqlParameter spara = new SqlParameter("@DeptID",Convert.ToInt32(txtID.Text.Trim()));

commandinsert.Parameters.Add(spara);

spara = new SqlParameter("@DeptName",txtName.Text.Trim());

commandinsert.Parameters.Add(spara);

spara = new SqlParameter("@DeptNum",Convert.ToInt32(txtNum.Text.Trim()));

commandinsert.Parameters.Add(spara);

commandinsert.ExecuteNonQuery();

conn.Close(); }

⑥运行该程序,页面首次加载就会将数据显示在页面中,在文本框中显示新增数据,显示如图10-23所示的信息后,点击"新增"按钮,刷新页面可以看到页面效果如图10-24所示,将信息已经插入到数据表中。

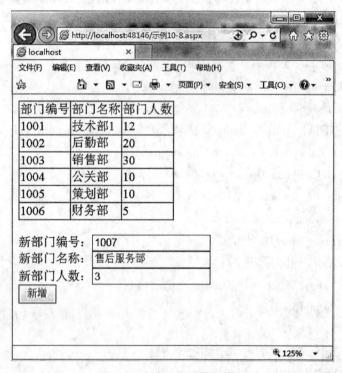

图 10-23 输入新增数据信息

以上通过将ADO.NET数据访问对象和数据集相结合,实现了Repeater控件删除数据源中的数据,其他类型的数据操作与此类似,不同之处在于SqlCommand对象所使用的SQL命令不同。值得注意的是,在新增数据记录的时候,数据类型应该与数据库要求的类型一致,对于非空要求的字段,新增的时候必须为该字段赋值。对于主键设置了自动增长列的,数据插入的时候不允许为这类主键赋值,如果未指定主键自增,那么就必须为其设置一个主键值。

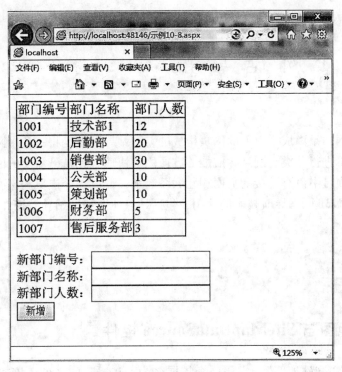

图 10-24　新增数据结果查询

10.4　复习题

1. DataList 控件是如何使用 CommandName 属性实现数据操作的？
2. GridView 控件的列包括哪些模板？如何对其进行编辑？
3. Repeater 控件模板包括哪些部分？它是如何与 Table 控件配合使用的？

第 11 章 网站导航

一个完整的网站是由成千上万的网页构成的,网站导航就是将一个多网页的集合,按照一定的条件和逻辑进行分类。网站导航能够方便用户快速找到自己需要的网页。使用良好的网站导航能够使项目中没有链接的页面相互联系起来,形成一个连贯和层次分明的网站。本章主要介绍 ASP.NET 网站导航技术的使用,包括站点地图和网站导航控件。

本章重点:
- 站点地图;
- Menu 控件;
- TreeView 控件。

11.1 站点地图与 SiteMapDataSource 控件

站点地图又称"网站地图",它是一个扩展名为 .sitemap 的文件。该文件用于描述站点的逻辑结构。在添加或移除页面时,可以通过修改站点地图(而不是修改所有网页的超链接)来管理页面导航。在默认情况下,站点导航系统可以使用一个包含站点层次结构的 XML 文件,将站点导航系统配置为使用其他数据源。

11.1.1 站点地图的创建与语法结构

创建站点地图最简单的方法是创建一个名为 Web.sitemap 的文件,该文件按站点的分层形式组织页面,ASP.NET 的默认站点地图提供程序自动选取此站点地图。Web.sitemap 必须位于应用程序的根目录下,并且不能被更改为其他的名称,如果要使用其他名称,则需要用户创建自定义的站点地图提供者类。

下面通过示例演示如何在开发环境中创建站点地图文件。

【示例 11-1】 创建站点地图文件。

① 启动 Visual Studio 开发平台,新建一个 Web 应用程序,将解决方案与项目均命名为"chap11",并保存在自定义路径下。

② 在"解决方案资源管理器"中,右键单击项目名称,在弹出的菜单中选择"添加"|"新建项",在打开的对话框 Visual C#中的 Web 节点下选择"站点地图",如图 11-1 所示。根目录下的站点地图不允许修改文件名称,直接单击"添加"即可。

③ 添加站点地图文件后,自动生成如下代码:

```
<?xml version="1.0" encoding="utf-8" ?>
<siteMap xmlns="http://schemas.microsoft.com/AspNet/SiteMap-File-1.0" >
    <siteMapNode url="" title="" description="">
        <siteMapNode url="" title="" description="" />
```

11.1 站点地图与 SiteMapDataSource 控件

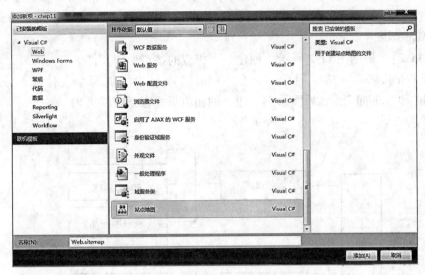

图 11-1 添加 Web.sitemap 文件

        <siteMapNode url="" title="" description="" />
    </siteMapNode>
</siteMap>

以上为"chap11"项目添加了一个 Web.sitemap 文件，该文件只具备基本的站点地图框架，下面通过这个框架来分析站点地图构建的语法格式：

第一，文件第一行<? xml version="1.0" encoding="utf-8"?>是必需的命名空间，告诉 ASP.NET 这是一个用于站点导航的 XML 文件。

第二，每一个 Web.sitemap 文件都是以一个单一的<siteMap>元素开始，以与之对应的</siteMap>结束，即每个站点地图都有一个由<siteMap>元素构成的导航根目录，其余所有节点都在这个根目录下扩展。

第三，在<siteMap>标记中，每一个页面定义为一个<siteMapNode>元素。使用<siteMapNode>元素向站点地图添加页面，并使用以下 3 个属性来描述页面的一些基本信息：

- title：关联到节点的标题；
- description：对关联到相应节点的描述；
- url：设置节点所指向的页面链接。url 属性值应以"~/"字符开始，以保证导航的正确性，但 url 并不是必须指定链接地址的，如果不为 url 指定链接地址，那么该节点就是一个简单的分类节点。url 虽然可以不设置，但是设置的 url 地址却不可以重复。因为 SiteMapProvider 是通过 url 地址来建立节点索引的，如果 url 链接地址重复，就会产生冲突。但是可以通过修改 url 地址来实现同一页面的引用，如下面代码是合法的：

<siteMapNode url="~/W1.aspx?id=0" title="W1" description="W1" />
<siteMapNode url="~/W1.aspx?id=1" title="W1" description="W1" />

第四，<siteMapNode>元素是可以嵌套的，通过嵌套可以形成层次分明的树状节点组织结构。下列代码是简单的 2 层结构嵌套。

<siteMapNode url="~/Default.aspx" title="首页" description="网站主页">

```
        <siteMapNode url=" ~/W1.aspx" title="W1"  description="W1" />
        <siteMapNode url=" ~/W2.aspx" title="W2"  description="W2" />
</siteMapNode>
```

【示例11-2】 根据图11-2所示,创建一个相应的站点地图文件。

①打开"chap.sln"网站应用程序,在"chap11"项目中添加两个文件夹,分别命名为"IndustryJob"和"Infojob",将后面示例中建立的相应页面存于文件夹内。

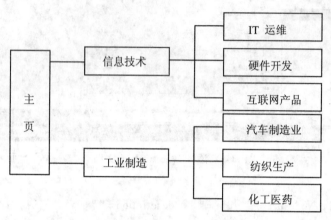

图11-2 站点地图导航结构图

②根据图11-2所示,需要在项目中添加9个页面,将其按照不同类别分别存储于之前建立的两个文件夹中,如图11-3所示。

③根据结构图,创建站点地图代码如下:

```
<?xml version="1.0" encoding="utf-8" ?>
<siteMap xmlns="http://schemas.microsoft.com/AspNet/SiteMap-File-1.0" >
    <siteMapNode url=" ~/Infojob/Main.aspx" title="首页"  description="网站首页">
        <siteMapNode url=" ~/Infojob/Infopage.aspx" title="信息技术"
            description="与信息技术相关的职位">
            <siteMapNode url=" ~/Infojob/ITpage.aspx" title="IT运维"
                description="与IT运维相关的职位"></siteMapNode>
            <siteMapNode url=" ~/Infojob/Webpage.aspx" title="互联网产品"
                description="与互联网及其产品相关的职位"></siteMapNode>
            <siteMapNode url=" ~/Infojob/Hardpage.aspx" title="硬件开发"
                description="与计算机硬件及其开发相关的职位"></siteMapNode>
        </siteMapNode>
        <siteMapNode url=" ~/IndustryJob/Induspage.aspx" title="工业制造"
            description="与工业制造相关的职位">
            <siteMapNode url=" ~/IndustryJob/Carpage.aspx" title="汽车制造业"
                description="与汽车制造业相关的职位"></siteMapNode>
            <siteMapNode url=" ~/IndustryJob/Textile.aspx" title="纺织生产"
                description="与纺织制造产业相关的职位"></siteMapNode>
```

11.1 站点地图与 SiteMapDataSource 控件

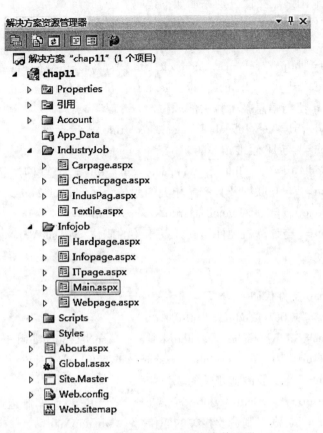

图 11-3 示例程序的解决方案管理器

<siteMapNode url=" ~/IndustryJob/Chemicpage.aspx" title="化工医药" description="与化工医药产业相关的职位"></siteMapNode>
</siteMapNode>
</siteMapNode>
</siteMap>

11.1.2 配置多个站点地图文件

默认情况下，在一个 ASP.NET 网站中只有一个 Web.sitemap 文件来描述整个网站的结构。但是，在大型网站中仅仅使用一个站点地图文件很难将整个网站的结构描述清楚，可能需要多个站点地图文件来描述整个网站的导航结构。通常情况下可利用两种方式来配置多个站点地图文件，下面分别介绍这两种方式。

(1) 在 web.config 文件中配置多个站点文件

配置多个地图站点，可以在 web.config 文件中配置站点提供程序，添加对不同站点地图的引用。下面以一个示例介绍其配置过程。

【示例 11-3】 在示例 11-2 中配置多个站点文件。

① 在示例 11-2 的基础上进行配置。首先在"IndustryJob"和"Infojob"两个文件夹中分别添加站点地图文件，并命名为"Info.sitemap"和"Industry.sitemap"。

②为两个新建地图站点文件分别添加如下代码：
Info. sitemap 文件代码：
<?xml version="1.0" encoding="utf-8"?>
<siteMap xmlns="http://schemas.microsoft.com/AspNet/SiteMap-File-1.0">
　　<siteMapNode url="~/Infojob/Infopage.aspx" title="信息技术"
　　　description="与信息技术相关的职位">
　　　<siteMapNode url="~/Infojob/ITpage.aspx" title="IT运维"
　　　　description="与IT运维相关的职位"></siteMapNode>
　　　<siteMapNode url="~/Infojob/Webpage.aspx" title="互联网产品"
　　　　description="与互联网及其产品相关的职位"></siteMapNode>
　　　<siteMapNode url="~/Infojob/Hardpage.aspx" title="硬件开发"
　　　　description="与计算机硬件及其开发相关的职位"></siteMapNode>
　　</siteMapNode>
</siteMap>

Industry. sitemap 文件代码：
<?xml version="1.0" encoding="utf-8"?>
<siteMap xmlns="http://schemas.microsoft.com/AspNet/SiteMap-File-1.0">
　<siteMapNode url="~/IndustryJob/Induspag.aspx" title="工业制造"
　　description="与工业制造相关的职位">
　　<siteMapNode url="~/IndustryJob/Carpage.aspx" title="汽车制造业"
　　　description="与汽车制造业相关的职位"></siteMapNode>
　　<siteMapNode url="~/IndustryJob/Textile.aspx" title="纺织生产"
　　　description="与纺织制造产业相关的职位"></siteMapNode>
　　<siteMapNode url="~/IndustryJob/Chemicpage.aspx" title="化工医药"
　　　description="与化工医药产业相关的职位"></siteMapNode>
　</siteMapNode>
</siteMap>

③打开根目录下的 web. config 文件，在<system.web></system.web>标签内添加如下配置代码：
<system.web>
……
　<siteMap>
　　<providers>
　　　<add name="Infositemap" type="System.Web.XmlSiteMapProvider"
　　　　siteMapFile="~/InfoJob/Info.sitemap" />
　　　<add name="Industrysitemap" type="System.Web.XmlSiteMapProvider"
　　　　siteMapFile="~/IndustryJob/Industry.sitemap" />
　　</providers>
　</siteMap>
……

</system.web>

④ 将根目录下的 Web.sitemap 文件修改为：

```xml
<?xml version="1.0" encoding="utf-8"?>
<siteMap xmlns="http://schemas.microsoft.com/AspNet/SiteMap-File-1.0">
    <siteMapNode url="~/Infojob/Main.aspx" title="首页" description="网站首页">
<siteMapNode provider="Infositemap"></siteMapNode>
    <siteMapNode provider="Industrysitemap"></siteMapNode>
</siteMapNode>
</siteMap>
```

按照上述过程配置后，结果与示例 11-2 相同。

(2) 从父站点地图文件链接到子站点地图文件

从父站点地图文件链接到子站点地图文件与在 web.config 文件中配置多个站点的不同之处在于根目录下的 Web.sitemap 文件的配置不同。现以示例 11-3 为基础，讲解该方法的配置过程：

首先，如前所述，在"IndustryJob"和"Infojob"两个文件夹中分别添加站点地图文件"Info.sitemap"和"Industry.sitemap"后，文件中的代码与前例相同。

然后，将根目录下的 Web.sitemap 文件代码修改为如下代码：

```xml
<?xml version="1.0" encoding="utf-8"?>
<siteMap xmlns="http://schemas.microsoft.com/AspNet/SiteMap-File-1.0">
    <siteMapNode siteMapFile="~/Infojob/Info.sitemap"></siteMapNode>
    <siteMapNode siteMapFile="~/IndustryJob/Industry.sitemap"></siteMapNode>
</siteMapNode>
</siteMap>
```

配置后效果与示例 11-2 相同。

11.1.3 SiteMapDataSource

SiteMapDataSource 是一个数据源控件，Web 服务器控件及其他控件可使用该控件绑定到分层的站点地图数据，站点数据则由为站点配置的站点地图提供程序进行存储。SiteMapDataSource 使那些并非专门作为站点导航控件的 Web 服务器控件（如 TreeView、Menu 和 DropDownList 控件）能够绑定到分层的站点地图数据。可以使用这些 Web 服务器控件将站点地图显示为一个目录，或者对站点进行主动式导航。SiteMapDataSource 控件的常用属性和方法分别见表 11-1 和表 11-2。

表 11-1　　　　　　　　　　SiteMapDataSource 控件的常用属性

属性	描述
DataItemContainer	获取实现的 IDataItemContainer 对命名容器的引用
Page	获取对包含服务器控件的 Page 实例的引用
Provider	获取或设置与数据源控件关联的 SiteMapProvider 对象
ShowStartingNode	获取或设置一个值，该值指示是否检索并显示起始节点

属性	描述
Site	获取容器信息，在呈现于设计图面上时承载当前控件
SiteMapProvider	获取或设置数据源绑定到的站点地图提供程序的名称
StartFromCurrentNode	获取或设置站点地图节点树是否使用表示当前页的节点进行检索
StartingNodeOffset	获取或设置一个从起始节点开始计算的正或负整数偏移量，该起始节点确定了由数据源控件公开的根层次结构
StartingNodeUrl	获取或设置站点地图中的一个节点数据源，然后使用该节点作为从分层的站点地图中检索节点的参照点
TemplateControl	获取或设置对包含该控件的模板的引用

表 11-2　　　　　　　　　　　　SiteMapDataSource 控件的常用方法

方法	描述
AddedControl	在子控件添加到 Control 对象的 Controls 集合后调用的方法
DataBind	将数据源绑定到被调用的服务器控件及其所有子控件
DataBind	将数据源绑定到调用的服务器控件及其所有子控件，同时可以选择引发 DataBinding 事件
DataBindChildren	将数据源绑定到服务器控件的子控件
FindControl	在当前的命名容器中搜索服务器控件
Focus	为控件设置输入焦点
OnDataBinding	引发 DataBinding 事件
OnDataSourceChanged	引发 DataSourceChanged 事件

SiteMapDataSource 绑定到站点地图数据，并基于在站点地图层次结构中指定的起始节点显示导航视图。默认情况下，起始节点是层次结构的根节点，也可以是层次结构中的任何其他节点，通过设置 StartingNodeUrl 属性可指定起始节点。起始节点是由表 11-3 中的 SiteMapDataSource 属性值来标识的。

表 11-3　　　　　　　　　　　　SiteMapDataSource 属性值

起始节点	属性值
层次结构的根节点	StartFromCurrentNode 为 false，未设置 StartingNodeUrl
表示当前正在查看的页的节点	StartFromCurrentNode 为 true，未设置 StartingNodeUrl
层次结构的特定节点	StartFromCurrentNode 为 false，已设置 StartingNodeUrl

默认情况下，ASP.NET 站点提供程序的网站地图数据从 SiteMapProvider 对象（如 XmlSiteMapProvider）中检索，并为站点配置的任何文件提供程序，以便向 SiteMapDataSource 提供站点地图数据，并且通过访问 SiteMap.Providers 集合，获得可以提供程序的列表。与所有数据源控件一样，SiteMapDataSource 的每个实例都与单个帮助器对象关联，该帮助器对象称为数据源视图。

值得注意的是，SiteMapDataSource 专用于导航数据，并且不支持排序、筛选、分页或缓存之类的常规数据源操作，也不支持更新、插入或删除之类的数据记录操作。为页面添加该控件后，在设计视图下呈灰色显示，在程序运行的时候该控件并不显示于界面上。

11.2 导航控件

Menu、SiteMapPath 和 TreeView 是 ASP.NET 提供的 3 种用于站点导航的服务器控件，使用这些导航控件可以快速、便捷地实现网站导航。

11.2.1 Menu 控件

Menu 控件用于显示 ASP.NET 网页中的菜单，并常与用于导航网站的 SiteMapDataSource 控件结合使用。Menu 控件支持控件菜单项绑定到分层数据源的数据以及通过与 SiteMapDataSource 控件集成实现的站点导航。下面声明一个 Menu 控件导航的框架：

```
<asp:Menu ID="Menu1" runat="server">
    <Items>
        <asp:MenuItem>
            ……
        </asp:MenuItem>
    </Items>
</asp:Menu>
```

由以上代码可以看出，Menu 菜单控件是以<asp：Menu>标签作为根元素，在其中可以包含一个或多个<Items>元素集合，每个<Items>元素集合由一个或多个<asp：MenuItem>构成，所有根菜单项都存储在 Items 集合中。MenuItem 对象表示 Menu 控件菜单的树结构，顶级菜单项称为根菜单项，具有父菜单项的菜单项称为子菜单项。子菜单项存储在父菜单项的 ChildItems 集合中。通过设置 MenuItem 的属性来满足不同的设计需求。MenuItem 的常用属性见表 11-4。

Menu 控件可以导航到所链接的网页或直接回发到服务器。如果设置了菜单项的 NavigateUrl 属性，菜单项可导航到 NavigateUrl 属性指示的另一个网页，否则，该控件将网页回发到服务器进行处理，也可以设置 ImageUrl 属性，使其在菜单项中显示图像。默认情况下，链接页与 Menu 控件显示在同一窗口或框架中。若要在另一个窗口或框架中显示链接内容，需要设置 Menu 控件的 Target 属性。每个菜单项都具有 Text 属性和 Value 属性。Text 属性的值显示在 Menu 控件中，而 Value 属性则用于存储菜单项的任何其他数据。

表 11-4　　　　　　　　　　　　　　**MenuItem 的常用属性**

属性	描 述
ChildItems	获取一个包含当前菜单项的子菜单项的 MenuItemCollection 对象
DataBound	指示菜单项是否是通过数据绑定创建的
DataItem	获取绑定到菜单项的数据项
DataPath	获取绑定到菜单项的数据的路径
Depth	获取菜单项的显示级别
ImageUrl	获取或设置显示在菜单项文本旁边的图像的 URL
NavigateUrl	获取或设置单击菜单项时要导航到的 URL
Orientation	指定 Menu 控件菜单树是水平还是垂直呈现
Parent	获取当前菜单项的父菜单项
Selectable	设置 MenuItem 对象是否可选或可单击
Selected	设置 Menu 控件的当前菜单项是否已被选中
SeparatorImageUrl	获取或设置图像的 URL，该图像显示在菜单项底部，将菜单项与其他菜单项隔开
Target	获取或设置用来显示菜单项的关联网页内容的目标窗口或框架
Text	获取或设置 Menu 控件中显示的菜单项文本
ToolTip	获取或设置菜单项的工具提示文本
Value	获取或设置一个非显示值，该值用于存储菜单项的任何其他数据，如用于处理回发事件的数据

　　Menu 控件显示导航菜单有两种类型：静态菜单和动态菜单。静态菜单表示菜单始终完全展开显示，默认情况下，根级菜单项始终为静态菜单。动态菜单是指当用户将鼠标指针置于包含动态子菜单的父菜单项上时，会显示相应子菜单项，一定的持续时间之后，动态菜单自动消失。通过设置 StaticDisplayLevels 属性，可以控制在静态菜单中显示的子菜单层数，级别高于 StaticDisplayLevels 属性所指定的值的菜单项则显示在动态菜单中。而使用 MaximumDynamicDisplayLevels 属性可以设置动态菜单显示层数。Menu 控件的菜单项还有其他一些重要属性，见表 11-5。

表 11-5　　　　　　　　　　　　　**Menu 控件菜单项样式属性**

属性	描 述
DynamicHoverStyle	动态菜单项在鼠标指针置于其上时的样式设置
DynamicMenuItemStyle	单个动态菜单项的样式设置
DynamicMenuStyle	动态菜单的样式设置
DynamicSelectedStyle	当前选定的动态菜单项的样式设置
StaticHoverStyle	静态菜单项在鼠标指针置于其上时的样式设置

11.2 导航控件

续表

属性	描述
StaticMenuItemStyle	单个静态菜单项的样式设置
StaticMenuStyle	静态菜单的样式设置
StaticSelectedStyle	当前选定的静态菜单项的样式设置

除了设置各菜单样式属性之外，还可以根据菜单项的级别设置样式。例如，使用LevelMenuItemStyles 级别样式集合可以控制菜单单项的样式，使用 LevelSelectedStyles 控制所选菜单项的样式，使用 LevelSubMenuStyles 控制子菜单项的样式。样式集合的第一个样式对应于菜单树第一个深度级别的菜单项的样式，集合的第二个样式对应于菜单树第二个深度级别的菜单项的样式，依次类推。该样式设置经常用于生成目录风格的导航菜单，可以使某个深度的菜单项不管是否具有子菜单，都有相同的外观。

ASP.NET 提供了多种向 Menu 控件的菜单添加内容的方式，最常用的有以下3种。

（1）编程方式添加菜单内容

使用动态编程的方式可以根据项目的需求，从数据库或文件导入菜单项数据，也可以通过 Items 集合的 Add 方法在代码文件中动态添加菜单项。示例 11-4 演示以编程的方式动态添加菜单项的内容。

【示例 11-4】 编程方式使用 Menu 控件实现图 11-2 的导航内容和结构。

①打开"chap11.sln"解决方案和项目，新建名为"Menu11-4 示例.aspx"的窗体，表单内添加 Menu 控件，代码如下：

```
<div>
    <asp:Menu ID="Menu1" runat="server" ></asp:Menu>
</div>
```

②打开代码文件，在 Page_Load 事件中添加如下代码：

```
protected void Page_Load(object sender, EventArgs e)
    //添加根项
    MenuItem itemMain = new MenuItem();
    itemMain.Text = "主页";
    itemMain.ToolTip = "招聘网站首页";
    itemMain.NavigateUrl = "~/Infojob/Main.aspx";
    Menu1.Items.Add(itemMain);
    //在根项中添加"信息技术"子项
    MenuItem itemInfo = new MenuItem();
    itemInfo.Text = "信息技术";
    itemInfo.ToolTip = "与信息技术相关的职位";
    itemInfo.NavigateUrl = "~/Infojob/Infopage.aspx";
    itemMain.ChildItems.Add(itemInfo);
    //添加"信息技术"项的第 1 个子项
    MenuItem itemInfo1 = new MenuItem();
```

```csharp
itemInfo1.Text = "IT 运维";
itemInfo1.ToolTip = "与信息技术相关的职位";
itemInfo1.NavigateUrl = " ~/Infojob/Infopage.aspx";
itemInfo.ChildItems.Add(itemInfo1);
//添加"信息技术"项的第 2 个子项
MenuItem itemInfo2 = new MenuItem();
itemInfo2.Text = "互联网产品";
itemInfo2.ToolTip = "与互联网及其产品相关的职位";
itemInfo2.NavigateUrl = " ~/Infojob/Webpage.aspx";
itemInfo.ChildItems.Add(itemInfo2);
//添加"信息技术"项的第 3 个子项
MenuItem itemInfo3 = new MenuItem();
itemInfo3.Text = "硬件开发";
itemInfo3.ToolTip = "与计算机硬件及其开发相关的职位";
itemInfo3.NavigateUrl = " ~/Infojob/Hardpage.aspx";
itemInfo.ChildItems.Add(itemInfo3);
//在根项中添加第二个子项"工业制造"
MenuItem itemIndus = new MenuItem();
itemIndus.Text = "工业制造";
itemIndus.ToolTip = "与工业制造相关的职位";
itemIndus.NavigateUrl = " ~/IndustryJob/Induspag.aspx";
itemMain.ChildItems.Add(itemIndus);
//添加"工业制造"项的第 1 个子项
MenuItem itemIndus1 = new MenuItem();
itemIndus1.Text = "汽车制造业";
itemIndus1.ToolTip = "与汽车制造业相关的职位";
itemIndus1.NavigateUrl = " ~/IndustryJob/Carpage.aspx";
itemIndus.ChildItems.Add(itemIndus1);
//添加"工业制造"项的第 2 个子项
MenuItem itemIndus2 = new MenuItem();
itemIndus2.Text = "纺织生产";
itemIndus2.ToolTip = "与纺织生产产业相关的职位";
itemIndus2.NavigateUrl = " ~/IndustryJob/Textile.aspx";
itemIndus.ChildItems.Add(itemIndus2);
//添加"工业制造"项的第 3 个子项
MenuItem itemIndus3 = new MenuItem();
itemIndus3.Text = "化工医药";
itemIndus3.ToolTip = "与化工医药产业相关的职位";
itemIndus3.NavigateUrl = " ~/IndustryJob/Chemicpage.aspx";
itemIndus.ChildItems.Add(itemIndus3);
```

③运行程序，页面效果如图 11-4 所示。

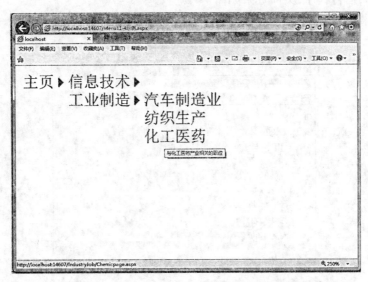

图 11-4　编程动态添加 Menu 菜单内容的运行效果

通过以上示例可以发现，动态编程虽然向 Menu 菜单添加内容灵活性好，但是会在隐藏代码文件中产生大量代码，不利于程序的维护和效率的提高。因此，ASP.NET 还提供了数据绑定的方式，利用 SiteMapDataSource 控件将 Menu 直接绑定到站点地图文件。

（2）使用"Menu 任务"菜单绑定到站点地图数据源

Menu 通常情况下与 SiteMapDataSource 控件配合使用，进行菜单内容数据绑定。该方式不仅方便、快捷、便于维护，而且还不产生过多代码。但是，使用该方法首先需要创建一个站点地图文件，并在站点地图文件中添加所需要的菜单结构。

【示例 11-5】　利用"chap11.sln"根目录下已经创建的 Web.sitemap 文件以及 SiteMapDataSource 控件，完成示例 11-4 中菜单显示的内容与结构。

①打开"chap11.sln"解决方案和项目，新建名为"Menu11-5 示例.aspx"的窗体，在设计视图中添加一个 Menu 控件和一个 SiteMapDataSource 控件到界面的适当位置。

②点击 Menu 控件右侧的黑色小三角，弹出"Menu 任务"菜单，在"选择数据源"下拉菜单中选择"SiteMapDataSource1"，如图 11-5 所示，完成数据绑定。

图 11-5　Menu 任务菜单选择数据源

③运行程序,页面只显示根项,这是因为默认情况下 Menu 的 StaticDisplayLevels 属性值为 1,设置该值为 3,运行程序,页面效果如图 11-6 所示。

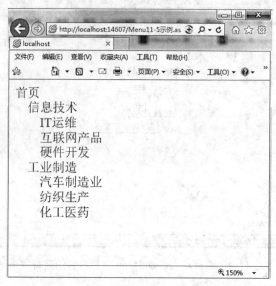

图 11-6　绑定到数据源的菜单内容

通过以上演示可以看到,该方法在默认情况下配置数据源后不产生任何代码。如果设置菜单导航按照需求显示,需要单独设置各个相应的属性值。

(3) 添加菜单内容和设置属性

使用"Menu 任务"菜单项编辑器和属性管理器,添加菜单内容和设置属性。

【示例 11-6】　使用 Menu 的菜单项编辑器添加 Menu 项的内容。

①打开"chap11.sln"解决方案和项目,新建名为"Menu11-6 示例.aspx"的窗体,在设计视图中添加一个 Menu 控件到界面的适当位置。

②点击 Menu 控件右侧的黑色小三角,弹出"Menu 任务"菜单,再单击"编辑菜单项"命令,弹出如图 11-7 所示的"菜单项编辑器"。

③"菜单项编辑器"可以分成左右两部分,左侧为"项"内容,用于添加根项和子项,以及为各项排序和调整级别。右侧为"属性"窗口,在这里可以为项设置需要的属性值。通过该方法添加菜单内容后,在页面文件中产生如下代码:

```
<asp:Menu ID="Menu2" runat="server">
    <Items>
        <asp:MenuItem Text="首页" Value="首页">
        <asp:MenuItem Text="信息技术" Value="信息技术">
            <asp:MenuItem Text="IT 运维" Value="IT 运维"></asp:MenuItem>
            <asp:MenuItem Text="互联网产品" Value="互联网产品"></asp:MenuItem>
            <asp:MenuItem Text="硬件开发" Value="硬件开发"></asp:MenuItem>
        </asp:MenuItem>
```

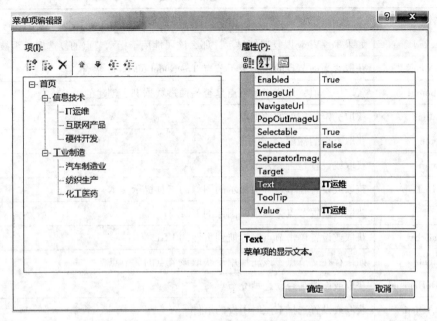

图 11-7　Menu 控件的"菜单项编辑器"

　　　　<asp:MenuItem Text="工业制造" Value="工业制造">
　　　　<asp:MenuItem Text="汽车制造业" Value="汽车制造业"></asp:MenuItem>
　　　　<asp:MenuItem Text="纺织生产" Value="纺织生产"></asp:MenuItem>
　　　　<asp:MenuItem Text="化工医药" Value="化工医药"></asp:MenuItem>
　　　　</asp:MenuItem>
　　　</asp:MenuItem>
　　</Items>
</asp:Menu>

11.2.2　TreeView 控件

TreeView 控件用于在树结构中显示分层数据，如目录或文件目录，并且支持数据绑定、站点导航等功能。

TreeView 控件由节点组成，树中的每个项都被称为一个节点，用 TreeNode 对象来表示。树中的节点包括父节点即包含其他节点的节点，子节点即被其他节点包含的节点，以及叶节点，即没有子节点的节点，而不被任何节点包含同时是所有其他节点的上级的节点是根节点。一个节点可以是下一级节点的父节点也可以是上一级节点的子节点，但是不能同时为根节点、父节点和叶节点。

默认情况下树结构只具有一个根节点，但是 TreeView 控件允许用户向树结构中添加多个根节点。如果要在不显示单个根节点的情况下显示项列表（如在产品类别列表中），这一功能就非常有用。表 11-6 给出了 TreeNode 的常用属性。

表 11-6　　　　　　　　　　　　　　**TreeNode 的常用属性**

属性	描　　述
Checked	如果 TreeView 以复选框显示，那么该属性用于指示节点的复选框是否被选中
ChildNodes	获取含当前节点的第一级子节点 TreeNodeCollection 集合
DataBound	获取一个值，该值指示节点是否是通过数据绑定创建的
DataItem	获取绑定到控件的数据项
Depth	获取节点的深度
Expanded	获取或设置是否展开节点
ImageToolTip	获取或设置在节点旁边显示的图像的工具提示文本
ImageUrl	获取或设置节点旁显示的图像的 URL
NavigateUrl	获取或设置单击节点时导航到页面的 URL
Parent	如果存在父节点，该属性用于获取该节点的父节点
PopulateOnDemand	获取或设置是否动态填充节点
SelectAction	获取或设置选择节点时引发的事件
Selected	获取或设置是否选择节点
ShowCheckBox	获取或设置一个值，该值指示是否在节点旁显示一个复选框
Target	获取或设置用来显示与节点关联的网页内容的目标窗口或框架
Text	获取或设置为 TreeView 控件中的节点显示的文本
ToolTip	获取或设置节点的工具提示文本
Value	获取或设置用于存储有关节点的任何其他数据
ValuePath	获取从根节点到当前节点的路径

　　TreeView 树的节点可以处于选择状态和导航状态中的一种情况，且在默认情况下，总是有某一个节点处于选定状态。若要使节点处于导航状态，则需要设置该节点的 NavigateUrl 属性值不为空字符串，而要使一个节点处于选择状态，则将该节点的 NavigateUrl 属性值设置为空字符串即可。

　　当节点处于导航状态的时候，禁用节点的选择事件，单击节点时会指向用户定义的页面。当节点处于选择状态时候，使用节点的 SelectAction 属性来指定选择该节点时所发生的事件。表 11-7 列出了 SelectAction 属性引发的事件。

表 11-7　　　　　　　　　　　　　**SelectAction 的属性引发的事件**

属性选择	描　　述
TreeNodeSelectAction. Expand	切换节点的展开和折叠状态，相应地引发 TreeNodeExpanded 事件或 TreeNodeCollapsed 事件
TreeNodeSelectAction. None	在选定节点时不引发任何事件

续表

属性选择	描述
TreeNodeSelectAction.Select	在选定节点时引发 SelectedNodeChanged 事件
TreeNodeSelectAction.SelectExpand	设置节点只会展开,不会折叠,且选择节点时引发 SelectedNodeChanged 和 TreeNodeExpanded 事件

与 Menu 控件一样,TreeView 控件也有 3 种方式向节点中添加内容,下面以数据绑定的方式为例,演示向 TreeView 控件的节点添加内容的过程。

【示例11-7】 利用"chap11.sln"中已有的 Web.sitemap 文件和 SiteMapDataSource 控件,完成示例 11-4 中菜单显示的内容与结构。

①打开"chap11.sln"解决方案和项目,在项目中添加名为"TreeView11-7示例.aspx"的新窗体。

②在"TreeView11-7示例.aspx"的页面文件中添加一个 TreeView 控件和一个 SiteMapDataSource 控件。

③在"TreeView11-7示例.aspx"文件的设计视图下,选择 TreeView 控件,点击右侧边框的小三角,弹出"TreeView 任务"菜单,在该菜单中的"选择数据源"下拉菜单中选择 SiteMapDataSource1,如图 11-8 所示。

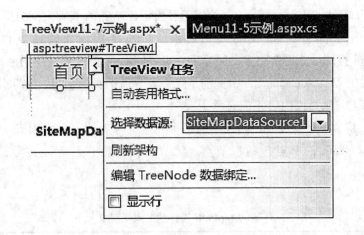

图 11-8 为 TreeView 控件配置的数据源

④运行该程序,页面效果如图 11-9 所示。

与 Menu 相同,TreeView 控件还可以通过使用"Menu 任务"菜单的"编辑节点"来手动添加 TreeView 控件的节点内容。同样,也可以使用编程方式动态添加 TreeView 控件的节点内容。通过调用 TreeView 控件的 Nodes 属性的 Add 方法可以将节点添加到该节点的上一级节点中,然后通过调用 ChildNodes 属性的 Add 方法向节点中添加子节点。这两种添加节点内容方式的具体操作可以参照 Menu 菜单控件。

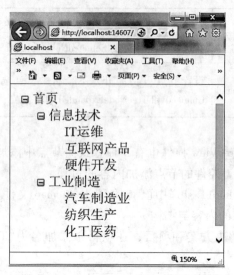

图 11-9 绑定到数据源为 TreeView 控件添加节点内容效果

11.2.3 SiteMapPath 控件

SiteMapPath 控件显示页面导航路径,该路径为用户当前页的位置,并显示了返回到主页面的链接。SiteMapPath 控件提供了一种用于轻松定位站点的节省空间方式,且使用简单,SiteMapDataSource 与 SiteMapPath 配合使用对于分层页结构较深的站点很有用,而使用 TreeView 或 Menu 控件可能需要更多的页空间。SiteMapPath 控件直接使用网站的站点地图数据,因此,必须在 Web.sitemap 文件中提前定义需要导航的页面信息,如果用在未在站点地图中表示的页面上,则页面内容不能显示。

SiteMapPath 是由节点组成的,路径中的每个元素均称为节点,可用 SiteMapNodeItem 对象来表示。SiteMapPath 的节点包括根节点、父节点和当前节点 3 种类型,具体描述见表 11-8。

表 11-8   **SiteMapPath 控件的节点类型**

节点类型	描 述
根节点	锚定路径并表示分层树的根节点
父节点	当前节点与根节点之间的任何其他节点
当前节点	表示当前显示页的节点

SiteMapPath 控件还提供了如表 11-9 所给出的一些重要的常用属性。

表 11-9　　　　　　　　　　　**SiteMapPath 控件的常用属性**

名称	说　　明
ChildControlsCreated	是否已创建服务器控件的子控件
CurrentNodeStyle	获取用于当前节点显示文本的样式
CurrentNodeTemplate	获取或设置一个控件模板，代表当前显示页的站点导航路径节点
NodeStyle	获取用于站点导航路径中所有节点显示的文本样式
NodeTemplate	获取或设置一个控件模板，用于站点导航路径的所有功能节点
Parent	获取对页 UI 层次结构中服务器控件的父控件的引用
ParentLevelsDisplayed	获取或设置控件显示的相对于当前显示节点的父节点级别数
PathDirection	获取或设置导航路径节点的呈现顺序
PathSeparator	获取或设置一个字符串，用于在呈现的导航路径中分隔 SiteMapPath 节点
PathSeparatorStyle	获取用于 PathSeparator 字符串的样式
PathSeparatorTemplate	获取或设置一个控件模板，用于站点导航路径的路径分隔符
Provider	获取或设置与 Web 服务器控件关联的 SiteMapProvider
RootNodeStyle	获取根节点显示文本的样式
RootNodeTemplate	获取或设置一个控件模板，用于站点导航路径的根节点
ShowToolTips	获取或设置是否为超链接导航节点编写附加超链接特性
SiteMapProvider	获取或设置用于呈现站点导航控件的 SiteMapProvider 的名称
SkipLinkText	获取或设置一个值，用于呈现替换文字，以让屏幕读取器跳过控件内容
Style	获取将在 Web 服务器控件的外部标记上呈现为样式特性的文本特性的集合
ToolTip	获取或设置当鼠标指针悬停在 Web 服务器控件上时显示的文本

对于 NodeStyle 和 NodeTemplate 属性不考虑节点类型而适用于所有节点，如果同时定义了这两个属性，将优先使用 NodeTemplate 属性所定义的内容。CurrentNodeTemplate 和 CurrentNodeStyle 属性适用于表示当前显示页的节点。RootNodeTemplate 和 RootNodeStyle 属性适用于表示站点导航层次结构根的节点。

SiteMapPath 控件是由 SiteMapProvider 属性标识的站点地图提供程序用作站点导航信息的数据源的。示例 11-8 演示了 SiteMapPath 控件的使用。

【示例 11-8】利用"chap11.sln"根目录下已经创建的 Infojob 文件夹中的窗体文件演示 SiteMapPath 控件的使用。

①打开"chap11.sln"文件，在项目中添加名为"SiteMapPath11-8 示例.aspx"的新窗体。
②在"SiteMapPath11-8 示例.aspx"的页面文件中添加一个 SiteMapPath 控件，代码如下：
<asp：SiteMapPath ID="SiteMapPath1" runat="server"></asp：SiteMapPath>
③在 Infojob 文件夹中的 Infopage.aspx 和 ITpage.aspx 页面中分别添加一个 SiteMapPath 控件，分别在浏览器中浏览两个页面程序，Infopage.aspx 页面运行效果如图 11-10 所示，Hardpage.aspx 页面运行效果如图 11-11 所示。

由上可知，SiteMapPath 控件可以自动指向所在项目根目录的 Web.sitemap 文件，该控件

图 11-10　Infopage.aspx 运行效果

图 11-11　Hardpage.aspx 运行效果

虽然使用简单，但是它只能显示网站中导航结构的某一部分，即当前访问的网页所在的部分及其直接的祖先部分。它允许用户在网页中返回到直接的任何上级目录下，但却不能跳转到其他页面，即使是从网站中跳转到上一级网页中，也不能够再跳转回来。用户要想能够从网页跳转到网站的任何部分，就需要使用一个能够提供完整网站结构的导航，ASP.NET 提供的 Menu 控件和 TreeView 控件就属于这一类控件，弥补了 SiteMapPath 控件的不足。

11.3　复习题

1. 简述一个网站项目中配置多个站点地图文件的方法和过程。
2. 简述 Menu 控件显示导航菜单的类型以及它们的区别和联系。
3. 简述向 Menu 控件菜单项和 TreeView 控件节点添加内容的方法。

第 12 章　ASP. NET AJAX

ASP. NET AJAX 是微软公司为 ASP. NET 应用程序提供的 AJAX 技术支持的开发框架，通过它原有的 ASP. NET 程序可以更加轻松地使用 ASP. NET AJAX 提供的框架，开发具有 AJAX 特性的 Web 应用程序。本章主要介绍 ASP. NET AJAX 的技术特点和核心控件的使用。

本章重点：
- ScriptManager 控件；
- UpdatePanel 控件；
- Timer 控件。

12.1　ASP. NET AJAX 简介

在介绍 ASP. NET AJAX 之前，首先应该了解什么是 AJAX。AJAX 是 Asynchronous JavaScript And XML(异步 JavaScript 和 XML)的缩写，它是一个集成框架，用于通过跨平台的 JavaScript 提供增量页面更新。AJAX 并不是只包含 JavaScript 和 XML 两种技术，事实上，AJAX 是由 JavaScript、XML、XSLT、CSS、DOM 和 XMLHttpRequest 等多种技术组成的。XMLHttpRequest 是 AJAX 的核心，该对象由浏览器中的 JavaScript 创建，负责在后台以异步的方式让客户端连接到服务器。这样可以让用户几乎感觉不到应用程序在服务器端所做的处理。

AJAX 异步是指 AJAX 应用组件与主机服务器之间的联系方式。在普通的页面中，每当用户发出一个服务器端的请求，就需要 Web 浏览器在客户端刷新窗口，这就大大降低了应用程序的响应速度。如果使用 AJAX 的异步模式，当用户向服务器提出请求时，内存中既有的 DOM 树状结构，使用户的操作不会被打断。浏览器会解析 XML 格式的数据并将它发回给原始页面的 JavaScript 函数进行处理，然后浏览器解析结果，更新内存中的 DOM 树，此时内容被更新，而非刷新页面，因此用户感觉不到刷屏。因此，AJAX 在执行过程中首先需要实例化一个 XMLHttpRequest 对象，使用 Http 方法来处理请求，并将目标 URL 设置到 XMLHttpRequest 对象上。下面是 AJAX 应用程序所用到的基础技术：

- HTML：通过使用<div>、<a>和其他动态 HTML 元素来动态更新表单。
- 文档对象模型 DOM：通过 JavaScript 代码使用 DOM 处理 HTML 结构和服务器返回的 XML。
- JavaScript 代码：这是运行 AJAX Web 应用程序的核心代码，帮助改进与服务器应用程序的通信。
- XMLHttpRequest 对象：该对象允许浏览器与 Web 服务器通信，通过 MSXML ActiveX 组件可以在 IE5.0 以上的浏览器中使用。XMLHttpRequest 对象可以在不向服务器提交整个页面的情况下，实现局部更新网页。当页面全部加载完毕后，客户端通过该对象向服务器请求数据,服务器端接收数据并处理后,向客户端反馈数据。XMLHttpRequest 对象提供了对 HTTP 协议的完全的访问,包括做出 POST 和 HEAD 请求以及普通的 GET 请求的能力。XMLHttpRequest 可以同步或异步返回 Web 服务器的响应,并且能以文本或者一个 DOM 文档的形式返回内容。表 12-1 和表 12-2 分别给出了 XMLHttpRequest 的重要属性与方法。

表 12-1　　　　　　　　　　　　XMLHttpRequest 对象的属性

属性	描述
onreadystatechange	指定当 readyState 属性发生变化时触发的事件处理过程,通常会调用一个 JavaScript 函数
readyState	设置或获取一个值,用于表示请求的状态(0 表示未初始化,1 表示正在加载,2 表示已加载,3 表示交互中,4 表示完成)
responseBody	表示返回 HTTP 相应的格式,只读属性
responseText	服务器的响应,表示为一个串
responseXML	服务器的响应,表示为 XML。这个对象可以解析为一个 DOM 对象
status	表示一个请求返回的服务器的 HTTP 状态码
statusText	设置或获取一个值,用于表示 HTTP 状态码的相应文本

表 12-2　　　　　　　　　　　　XMLHttpRequest 对象的方法

方法	描述
Abort	停止当前的 HTTP 请求
getAllResponseHeaders	获取所有的 HTTP 请求头部的值,返回一个包含查询头部信息的字符串
getResponseHeader	设置或获取从返回信息中提取的 HTTP 头部值
Open	初始化一个 XMLHTTP 请求,建立对服务器的调用
Send	发送一个 HTTP 请求服务器
setRequestHeader	指定 HTTP 头部信息

ASP.NET AJAX 构建了一套完整的 Web 用户体验框架——提供一组丰富的内置组件,并允许开发者方便地依照自己的需要加以扩展,其服务器端编程模型相对于客户端编程模型较为简单,而且容易与现有的 ASP.NET 程序相结合,实现复杂的功能只需要在页面中拖几个控件即可完成,而不必了解深层次的工作原理。ASP.NET AJAX 能够快速地创建具有丰富用户体验的页面,而且这些页面由安全的用户接口元素组成。ASP.NET AJAX 与 ASP.NET 编程模型有机集成提供了一种端对端的解决方案,使得 ASP.NET AJAX 应用程序能够非常容易地访问服务器端 ASP.NET 和.NET 框架中现有的编程模型。

基于 ASP.NET AJAX 的 Web 应用程序具有以下优点:
- 局部页刷新,即只刷新已发生更改的网页部分。
- 自动生成的代理类可简化从客户端脚本调用 Web 服务方法的过程。
- 支持大部分流行的浏览器。

- 因为网页的大部分处理工作是在浏览器中执行的,所以大大提高了效率。

ASP.NET AJAX 功能框架组成包含客户端脚本库和服务器端 AJAX Extensions,两部分组合在一起提供了可靠的开发框架。其中,客户端脚本库包含一系列的 JavaScript 脚本,简化了开发人员创建 AJAX 窗体的复杂性,而服务器端 AJAX Extensions 包含 ASP.NET AJAX 服务器控件。AJAX 应用程序将运行于客户端,作为一种 AJAX 的实现框架,ASP.NET AJAX 应用程序也不例外。ASP.NET AJAX 客户端组件将运行于浏览器中,提供管理界面元素、调用服务器端方法取得数据等功能。ASP.NET AJAX 服务端控件则主要为开发者提供一种他们所熟悉的与 ASP.NET 一致的服务器端编程模型。这些服务器控件将在运行时自动生成 ASP.NET AJAX 客户端组件,并同样发送至客户端浏览器执行。

12.2 ScriptManager 控件

ScriptManager 控件用来处理页面上的所有组件以及页面局部更新,生成相关的客户端代理脚本以便能够在 JavaScript 中访问 Web Service,所有需要支持 ASP.NET AJAX 的 ASP.NET 页面上有且只能有一个 ScriptManager 控件。在 ScriptManager 控件中我们可以指定需要的脚本库,或者指定通过 JS 来调用的 Web Service,以及调用的 AuthenticationService 和 ProfileService,还有页面错误处理等。

定义 ScriptManager 的语法格式如下:

<asp:ScriptManager ID="ScriptManager1" runat="server" />

要使用 ScriptManager 控件,页面上必须至少有一个 UpdatePanel 控件,且 ScriptManager 控件的 EnablePartialRendering 属性和 SupportsPartialRendering 属性必须为 true(默认值)。除此之外,表 12-3 和表 12-4 还给出了 ScriptManager 控件其他常用的属性和方法。

表 12-3   **ScriptManager 控件的常用属性**

属性	描述
AllowCustomErrorsRedirect	获取或设置一个值,以确定异步回发出现错误时是否使用 Web.config 文件的自定义错误部分
AsyncPostBackErrorMessage	获取或设置异步回发期间发生未处理的服务器异常时发送到客户端的错误消息
AsyncPostBackTimeout	指示在未收到响应时异步回发超时前的时间
AuthenticationService	表示向该页注册的身份验证服务
Context	为当前 Web 请求获取与服务器控件关联的 HttpContext 对象
CompositeScript	获取对支持网页的复合脚本的引用
EmptyPageUrl	获取或设置空白网页的 URL
EnablePartialRendering	获取或设置一个可部分呈现页面的值,以便使用 UpdatePanel 控件来单独更新页面区域
EnableTheming	指示主题是否应用于该控件

续表

属　性	描　述
IsInAsyncPostBack	指示是否在部分呈现模式下执行当前回发的值
ProfileService	获取与当前 ScriptManager 实例关联的 ProfileServiceManager 对象
RoleService	获取与当前 ScriptManager 实例关联的 RoleServiceManager 对象
ScriptMode	指定是呈现客户端脚本库的调试版本还是发布版本
ScriptPath	获取或设置用来建立指向 ASP.NET AJAX 和自定义脚本文件的路径
Services	获取一个 ServiceReferenceCollection 对象
Scripts	获取一个包含 ScriptReference 对象

值得注意的是，ScriptMode 属性用于指定 ScriptMode 发送到客户端脚本的模式，这里有 4 种模式，分别为：

- Auto：根据 web.config 的配置文件决定使用哪一种模式，当 retail 特性设置为 false 时，在网页中使用客户端脚本库的调试版本，否则，使用客户端脚本库的发布版本。
- Inherit：当应用于 ScriptManager 对象的 ScriptMode 属性时，该值与 Auto 相同。
- Debug：retail 特性设置不为 true 时，在网页中使用客户端脚本库的调试版本。
- Release：retail 特性设置不为 false 时，在网页中使用客户端脚本库的发布版本。

ScriptManager 的 AthenticationService、CompositeScript、ProfileService、Scripts、Services 属性通常通过在 asp:ScriptManager 元素中添加这些元素的实例来实现其属性功能，如下面代码所示：

```
<div>
    <asp:ScriptManager ID="ScriptManager1" runat="server">
    <Scripts>
        <asp:ScriptReference Path="Javascript 文件路径" />
    </Scripts>
    <AuthenticationService />
    <ProfileService />
    <CompositeScript></CompositeScript>
    <Services></Services>
    </asp:ScriptManager>
</div>
```

ScriptManager 控件的常用方法见表 12-4。

表 12-4　　ScriptManager 控件的常用方法

方　法	描　述
CreateChildControls	创建子控件，以便为回发或呈现做准备
CreateControlCollection	创建一个新的 ControlCollection 对象来保存服务器控件的子控件

续表

方 法	描 述
DataBind( )	将数据源绑定到被调用的服务器控件及其所有子控件
OnAsyncPostBackError	引发 AsyncPostBackError 事件
OnResolveCompositeScriptReference	引发 ResolveCompositeScriptReference 事件
OnResolveScriptReference	为 ScriptManager 控件所管理的每个脚本引用引发 ResolveScriptReference 事件
RegisterDataItem	在部分页面呈现期间将自定义数据发送到某个控件
RegisterScriptDescriptors	回调返回为支持表示客户端控件、组件或行为的客户端对象而必须呈现的实例脚本
RemovedControl	在子控件从 Control 对象的 Controls 集合中移除后调用
SetTraceData	为呈现数据的设计追踪设置跟踪数据

12.3　UpdatePanel 控件

UpdatePanel 控件是一个容器控件,该控件自身不会在页面上显示任何内容,主要作用是使放置在其标签内的控件将具有局部刷新的功能。通过使用 UpdatePanel 控件,可减少整页回发时的屏幕闪烁并提高网页交互性,从而改善用户体验,同时也可减少在客户端和服务器之间传输的数据量。

UpdatePanel 定义的语法格式如下:

<asp：UpdatePanel ID="UpdatePanel1" runat="server">　</asp：UpdatePanel>

UpdatePanel 控件的常用方法和属性分别见表 12-5 和表 12-6。

表 12-5　　　　　　　　　　　**UpdatePanel 控件的常用方法**

方 法	描 述
AddedControl	在子控件添加到 Control 对象的 Controls 集合后调用
CreateChildControls	由 ASP.NET 页面框架调用,以通知使用基于合成的实现的服务器控件创建它们包含的任何子控件,以便为回发或呈现做准备
CreateContentTemplateContainer	创建一个 Control 对象,该对象用作定义 UpdatePanel 控件内容的子控件的容器
CreateControlCollection	返回 UpdatePanel 控件中包含的所有控件的集合
DataBind( )	将数据源绑定到被调用的服务器控件及其所有子控件
Update	导致更新 UpdatePanel 控件的内容

第12章 ASP.NET AJAX

表12-6　　　　　　　　　　　　**UpdatePanel 控件的常用属性**

属性	描述
ChildrenAsTriggers	获取或设置来自 UpdatePanel 控件的即时子控件的回发是否更新面板的内容
ContentTemplate	获取或设置定义 UpdatePanel 控件内容的模板
RenderMode	获取或设置 UpdatePanel 控件的内容是否包含在 HTML <div> 或 <span> 元素中
RequiresUpdate	是否更新 UpdatePanel 控件的内容
TemplateControl	获取或设置对包含该控件的模板的引用
Triggers	获取一个 UpdatePanelTriggerCollection 对象，该对象包含以声明方式为 UpdatePanel 控件注册的 AsyncPostBackTrigger 和 PostBackTrigger 对象
UpdateMode	获取或设置何时更新 UpdatePanel 控件的方式

UpdatePanel 控件的 ContentTemplate 和 Triggers 属性是通过在页面中添加子元素来实现其功能的，具体代码如下：

```
<asp:UpdatePanel ID="UpdatePanel1" runat="server">
    <ContentTemplate>……</ContentTemplate>
     <Triggers>
            <asp:AsyncPostBackTrigger />
             ……
            <asp:PostBackTrigger />
     </Triggers>
</asp:UpdatePanel>
```

下面的示例是 UpdatePanel 控件的 ContentTemplate 元素使用的经典示例，用于实现无刷新更换 Calendar 控件背景颜色。

【示例12-1】　使用 UpdatePanel 控件，根据 DropDownList 控件列表中的颜色的选项值不同而更改 Calendar 背景颜色。

①启动 Visual Studio 2010，新建 Web 应用程序，解决方案与项目都命名为"chap12"。

②在"chap12"项目中添加新的窗体，命名为"示例12-1.aspx"。

③在"示例12-1.aspx"页面文件的表单标签内分别添加 ScriptManager 控件、UpdatePanel 控件、ContentTemplate 子标签、Calendar 控件，并在 UpdatePanel 控件外添加一个 Label 控件，具体代码如下：

```
<asp:ScriptManager runat="server" ID="S1"></asp:ScriptManager>
    <asp:UpdatePanel ID="UpdatePanel1" runat="server">
      <ContentTemplate>
       <asp:Calendar ID="Calendar1" ShowTitle="True" runat="server" />
        <div>
            请选择颜色：
           <asp:DropDownList runat="server" ID="ColorList" AutoPostBack="True"
            OnSelectedIndexChanged="DropDownSelection_Change">
```

```
        <asp:ListItem Selected="True" Value="White">White</asp:ListItem>
        <asp:ListItem Value="Aqua">Aqua</asp:ListItem>
        <asp:ListItem Value="AliceBlue">AliceBlue</asp:ListItem>
        <asp:ListItem Value="Khaki">Khaki</asp:ListItem>
        <asp:ListItem Value="BlueViolet">BlueViolet</asp:ListItem>
      </asp:DropDownList>
    </div>
  </ContentTemplate>
</asp:UpdatePanel>
<asp:Label runat="server" ID="label1"></asp:Label>
```

④页面 Page_Load 事件中判断页面是首次加载还是回发页面,代码如下:

```
protected void Page_Load(object sender,EventArgs e) {
    if(!IsPostBack) {
        label1.Text = "这是页面首次加载"; }
    else {
        label1.Text = "这是回发页面"; }
}
```

⑤DropDownList 的 SelectedChanged 事件代码如下:

```
protected void DropDownSelection_Change(object sender,EventArgs e) {
    Calendar1.DayStyle.BackColor =
      System.Drawing.Color.FromName(ColorList.SelectedItem.Value); }
```

⑥运行程序,页面首次加载如图 12-1 所示,通过下拉框选择某一颜色后页面如图 12-2 所示,实现了无刷新改变 Calendar 控件的背景色。

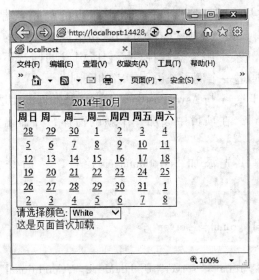
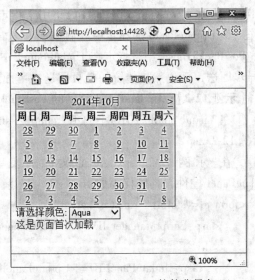

图 12-1　页面首次加载　　　　图 12-2　改变 Calendar 控件背景色

注意,在 UpdatePanel 控件之前需要先添加 ScriptManager 控件,并将其 EnablePartial

Rendering 属性设置为 true(默认值)，UpdatePanel 控件的局部刷新才能实现，否则会加载异常。这是因为 UpdatePanel 控件必须依赖于 ScriptManager 存在，ScriptManger 控件为它提供了客户端脚本生成与管理 UpdatePanel 的功能。

示例 12-1 中将下拉框置于 UpdatePanel 控件标签之内，所以能够实现页面的无刷新更改 Calendar 控件背景色。如果将 DropDownList 控件及其所包含的项移到 UpdatePanel 控件标签之外，其余代码不变，重新运行程序，如图 12-3 所示，页面已经整体提交。

图 12-3　页面整体提交

有时候，我们需要让 UpdatePanel 控件之外的控件也触发 UpdatePanel 控件以控制页面的局部刷新，触发其更新的控件可能距离 UpdatePanel 控件很远，这时候就需要触发器的帮助了。在 ASP. NET AJAX 中有两种触发器 Triggers：分别为 AsyncPostBackTrigger 和 PostBackTrigger，AsyncPostBackTrigger 用来指定某个服务器端控件以将其触发的服务器端事件作为该 UpdatePanel 的异步更新触发器，它需要设置的属性有控件 ID 和服务端控件的事件；PostBackTrigger 用来指定在 UpdatePanel 中的某个服务器端控件，它所引发的回送不使用异步回送，而仍然是传统的整页回送。下面通过一个例子来说明二者的区别。

【示例 12-2】 UpdatePanel 控件的 PostBackTrigger 与 AsyncPostBackTrigger 触发器的用法。

①在 Visual Studio 2010 中打开"chap12. sln"，在项目中添加一个新的窗体，并命名为"示例 12-2. aspx"。

②在"示例 12-2. aspx"页面文件的表单中先添加 ScriptManager 控件，然后添加 UpdatePanel 控件，具体代码如下：

```
<form id="form1" runat="server">
    <asp:ScriptManager ID="ScriptManager1" runat="server"/>
    <div>
        <asp:UpdatePanel ID="UpdatePanel1" runat="server" UpdateMode="Conditional">
        <ContentTemplate>更新时间为：
        <asp:Label ID="Label1" runat="server" ForeColor="Red"></asp:Label><br/>
<br/>
```

```
            </ContentTemplate>
            <Triggers>
            <asp:PostBackTrigger ControlID="Button1" />
            </Triggers>
            </asp:UpdatePanel>
            <asp:Button ID="Button1" runat="server" Text="获取最新时间"
            OnClick = "Button1_Click"/><br/>
            <asp:Label runat="server" ID="label2"></asp:Label>
        </div>
    </form>
```

③在 Page_Load 事件中添加如下代码,判断页面是否回发:
```
protected void Page_Load(object sender,EventArgs e)  {
            if(!IsPostBack){
                label2.Text = "这是首次加载";
                Label1.Text = DateTime.Now.ToString(); }
            else  {
                label2.Text = "这是回发页面";  }
    }
```

④在按钮的单击事件中添加如下代码:
```
protected void Button1_Click(object sender,EventArgs e)  {
        Label1.Text = DateTime.Now.ToString(); }
```

⑤运行该程序,首次加载页面如图 12-4 所示,单击"获取最新时间"按钮后的页面效果如图 12-5 所示。

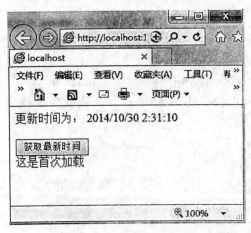

图 12-4　首次加载页面

图 12-5　单击按钮后的页面效果

通过示例 12-2 可以发现,对于"获取最新时间"按钮虽然使用了触发器,但是由于使用的是 PostBackTrigger 触发器,因此页面整体提交,并没有达到局部刷新的目的。对于示例 12-2 中的代码做一下修改,只需要将代码:

```
<asp:PostBackTrigger ControlID="Button1" />
```
更换为下列代码,即可实现页面的局部刷新:
```
<asp:AsyncPostBackTrigger ControlID="Button1" />
```
UpdatePanel 控件另外两个重要的属性分别为 ChildrenAsTriggers 和 UpdateMode。ChildrenAsTriggers 属性设置为 true(默认值),则表示来自 UpdatePanel 控件的即时子控件的异步回发都会更新 UpdatePanel 中的内容。但是嵌套于 UpdatePanel 控件的子控件不会更新父 UpdatePanel 控件的内容。如果想要更新父面板,则要将 UpdateMode 属性设置为 Conditional,并且显式调用 UpdatePanel 控件的 Update 方法,或者通过将 UpdatePanel 控件的 Triggers 属性定义为触发器的控件导致回发。也可以将 ChildrenAsTriggers 属性设置为 true,并且 UpdatePanel 控件的子控件导致回发。如果 UpdatePanel 控件不在另一个 UpdatePanel 控件的内部,则面板的更新将取决于 UpdateMode 和 ChildrenAsTriggers 属性以及触发器集合的设置。

下面通过一个例子来说明上述属性的用法。

【示例 12-3】 页面中多个 UpdatePanel 控件的使用。

① 在 Visual Studio 2010 中打开"chap12.sln",在项目中添加一个新的窗体,命名为"示例 12-3.aspx"。

② 在"示例 12-3.aspx"页面文件的表单内添加两个 UpdatePanel 控件,在这两个 UpdatePanel 控件标签内分别添加一个按钮控件和一个标签控件,在两个 UpdatePanel 控件外部也分别放置两个 Button 控件,使用触发器与各自的 UpdatePanel 控件关联,具体代码如下:

```
<form id="form1" runat="server">
    <asp:ScriptManager ID="ScriptManager1" runat="server">
    </asp:ScriptManager>
<form>
 <div>
    <asp:UpdatePanel ID="UpdatePanel1" runat="server" UpdateMode="Conditional">
      <ContentTemplate>
      <asp:Label runat="server" ID="labUpMessage" Text="Conditional 更新模式">
      </asp:Label><br />
      当前时间为:<asp:Label runat="server" ID="labUpTime" ></asp:Label><br />
      <asp:Button runat="server" ID="btnUpInner" Text="第一个 UpdatePanel 内部按钮"
        onclick="btn_Click" />
      </ContentTemplate>
      <Triggers >
          <asp:AsyncPostBackTrigger ControlID="btnUpOut" />
      </Triggers>
    </asp:UpdatePanel>
    <asp:Button runat="server" ID="btnUpOut" Text="第一个 UpdatePanel 外部按钮"
        onclick="btn_Click"/>
 </div>
 <div>
```

```
<asp:UpdatePanel ID="UpdatePanel2" runat="server" UpdateMode="Always">
    <ContentTemplate>
    <asp:Label runat="server" ID="labDownMessage" Text="Conditional更新模式">
    </asp:Label><br />
    当前时间为:<asp:Label runat="server" ID="labDownTime" ></asp:Label><br />
    <asp:Button runat="server" ID="btnDownInner" Text="第二个UpdatePanel内部按钮"
     onclick="btn_Click"/>
    </ContentTemplate>
    <Triggers>
    <asp:AsyncPostBackTrigger ControlID="btnDownOut" />
    </Triggers>
    </asp:UpdatePanel>
    <asp:Button runat="server" ID="btnDownOut" Text="第二个UpdatePanel外部按钮"
     onclick="btn_Click"/>
</div>
</form>
```

③4个按钮的共同单击事件的代码为:
```
protected void btn_Click(object sender,EventArgs e) {
        labUpTime.Text = DateTime.Now.ToString();
        labDownTime.Text = DateTime.Now.ToString(); }
```
④运行该程序,页面初次加载如图12-6所示。

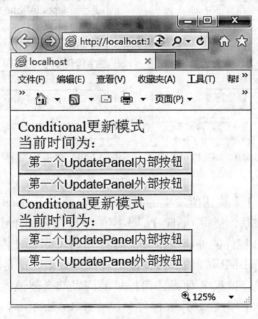

图12-6 页面初次加载

⑤从上至下依次单击按钮，页面效果分别如图 12-7、图 12-8、图 12-9、图 12-10 所示。

图 12-7　单击第一个 UpdatePanel 内部按钮

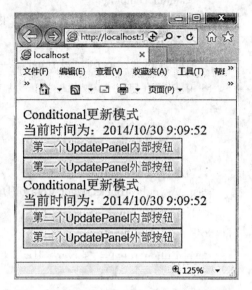

图 12-8　单击第一个 UpdatePanel 外部按钮

图 12-9　单击第二个 UpdatePanel 内部按钮

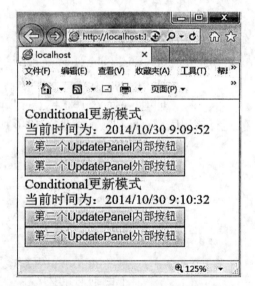

图 12-10　单击第二个 UpdatePanel 外部按钮

对比一下，通过单击 4 个按钮所发生的时间变化。两个 UpdatePanel 控件的外部按钮通过 AsyncPostBackTrigger 关联，使得 UpdatePanel 控件外部按钮的单击实现页面的局部刷新，在单击第一个 UpdatePanel 控件的外部按钮时，第二个 UpdatePanel 内标签控件显示的时间也随之更新；单击第一个 UpdatePanel 内部按钮也出现同样效果，这是因为第二个 UpdatePanel 控件的 UpdateMode 属性为 Always，使得任何控件的回发都会使该控件产生更新。那么，单击第二个 UpdatePanel 控件的内部与外部控件，第一个 UpdatePanel 控件内的时间并没有更新，这是因为第一个控件的 UpdateMode 属性值为 Conditional，在这种情况下，UpdatePanel

控件只能被自己的触发器或者子控件触发,从而更新内容。

需要说明的是,如果将 UpdateMode 属性设置为 Always,而将 ChildrenAsTriggers 属性设置为 false,则会在执行 OnPreRender 方法期间引发 InvalidOperationException 异常,所以,UpdatePanel 控件不允许使用此属性组合。

12.4 Timer 控件

Timer 控件是 ASP.NET AJAX 的又一重要控件,使用 Timer 控件可以指定间隔执行页面的回发,并触发 Tick 事件。如果将 Timer 控件用作 UpdatePanel 控件的触发器,可使用异步更新或部分网页更新来更新 UpdatePanel 控件中的内容。通常网页中可以包含多个 Timer 控件,也可以将一个 Timer 控件用作网页中多个 UpdatePanel 控件的触发器关联控件。Timer 控件的声明语法如下:

<asp:Timer ID="Timer1" runat="server"></asp:Timer>

通过设置 Interval 属性可指定回发发生的频率,而设置 Enabled 属性可启用或禁用 Timer 控件。Timer 控件还有一些其他属性,见表 12-7。

表 12-7 Timer 控件的常用属性

属性	描述
DataItemContainer	如果命名容器实现 IDataItemContainer,则获取对命名容器的引用
Enabled	获取或设置一个值,该值指示 Timer 控件在经过 Interval 属性中指定的毫秒数后是否启动到服务器的回发
Interval	获取或设置在启动回发之前需要等待的毫秒数
TemplateControl	获取或设置对包含该控件的模板的引用
Visible	获取或设置一个值,用于指示该控件是否在 UI 上呈现

Timer 控件的 Interval 属性值较小的时候,页面的回发频率较高,这样会使得服务器的流量增大,对系统的性能和整体资源的利用率就会降低,因此,应在确定需要使用 Timer 控件的时候才去使用该控件来定时刷新页面的内容,如股票走势的定时刷新。

Timer 控件最重要的事件是 Tick 事件,该事件在经过 Interval 属性中指定的毫秒数并向服务器发送网页时发生。下面通过一个例子来讲解 Timer 控件的使用。

【示例 12-4】 Timer 控件的使用。

①启动 Visual Studio 2010,打开"chap12.sln",在项目中添加新的窗体,命名为"chap12.aspx"。

②在"chap12.aspx"页面文件中添加一个 UpdatePanel 控件和一个 Timer 控件,在 UpdatePanel 控件标签内添加一个 Label 控件,在其外面再添加一个 Label 控件,在 UpdatePanel 控件外添加两个按钮控件,设置 Timer 控件的 Interval 属性为 5000(5 秒),具体代码如下:

<form id="form1" runat="server">

<asp:ScriptManager ID="ScriptManager1" runat="server"></asp:ScriptManager>

```
            <div>
                <asp:UpdatePanel ID="UpdatePanel1" runat="server">
                <ContentTemplate>
                    UpdatePanel 内 Label 时间为:<asp:Label ID="Label1" runat="server"
                    Text="Label"></asp:Label>
                </ContentTemplate>
                </asp:UpdatePanel>
                 <asp:Timer ID="Timer1" runat="server" ontick="Timer1_Tick" Interval="5000">
                </asp:Timer>
                 UpdatePanel 外 Label 时间为:
                <asp:Label ID="Label2" runat="server"></asp:Label>
            </div>
            <asp:Button runat="server" ID="btnOff" Text="停止刷新" onclick="btnOff_Click" />
            <asp:Button runat="server" ID="btnOn" Text="开始刷新" onclick="btnOn_Click" />
        </form>
```

③在页面加载事件中添加如下代码,用于显示页面初次加载所获得的时间:

```
protected void Page_Load(object sender,EventArgs e){
        if(!IsPostBack){
                Label1.Text = "页面初次加载时间"+DateTime.Now.ToString();
                Label2.Text = "页面初次加载时间"+DateTime.Now.ToString();}
    }
```

④在 Timer 的 Tick 事件中添加如下代码,用于获取刷新后的时间:

```
protected void Timer1_Tick(object sender,EventArgs e)    {
        Label2.Text = "UpdatePanel 刷新时间" + DateTime.Now.ToString();}
```

⑤在"停止刷新"按钮的单击事件中添加如下代码,用于停止 Timer 控件页面自动刷新:

```
protected void btnOff_Click(object sender,EventArgs e)    {
        Timer1.Enabled = false;    }
```

⑥"开始刷新"按钮单击事件用于启动 Timer 控件自动更新页面,代码如下所示:

```
protected void btnOn_Click(object sender,EventArgs e)    {
        Timer1.Enabled = true;    }
```

⑦运行程序,页面首次加载如图 12-11 所示,等待 5 秒钟后页面如图 12-12 所示。

单击"停止刷新"按钮,时间更新停止,即 Timer 控件自动更新功能关闭,单击"开始刷新"按钮,启动 Timer 自动更新页面,Label 控件中的时间继续更新。

通过示例可以发现,随着 UpdatePanel 控件中的 Label 显示的时间不断更新,而 UpdatePanel 控件外的 Label 显示时间并没有更新,Timer 相当于 UpdatePanel 控件的时间触发器,默认情况下并不对其外部的控件起作用。但是,无论 Timer 控件是否放在 UpdatePanel 控件标签内,都能作为 UpdatePanel 控件的触发器。但是,当 Timer 控件在 UpdatePanel 控件

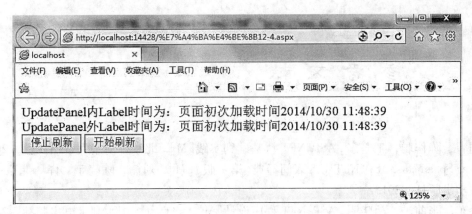

图 12-11　使用 Timer 页面初次加载

图 12-12　Timer 控件自动更新时间

标签之内的时候，JavaScript 计时组件只有完成一次回发后才会重新建立，因此，在页面显示的实际时间包括了回发操作本身所消耗的时间。如果将 Timer 置于 UpdatePanel 控件之外，则当回发正在处理时，下一次的回发就已经发生在前一次回发被触发之后了。

12.5　复习题

1. ASP.NET AJAX Web 应用程序与传统 ASP.NET Web 应用程序相比有何特点？
2. ASP.NET AJAX 控件都必须包含在哪种 ASP.NET AJAX 类库中？如果不添加该控件，结果会如何？
3. UpdatePanel 控件有哪两种更新模式？它们之间有何区别？
4. UpdatePanel 控件的子控件异步更新父 UpdatePanel 控件的内容包括哪些？

参考文献

[1] 闫睿,陈作聪,王坚宁. ASP. NET 从基础到实践[M]. 北京:清华大学出版社,2014.

[2] Imar Spaanjaars. ASP. NET 4.5 入门经典(第 7 版)[M]. 刘楠,陈晓宇,译. 北京:清华大学出版社,2013.

[3] 佘东,张前进,胡晓明. ASP. NET 程序设计[M]. 北京:中国水利水电出版社,2013.

[4] 王振武. C# Web 程序设计[M]. 北京:清华大学出版社,2012.

[5] 郭兴峰,张露,刘文昌. ASP. NET 3.5 动态网站开发基础教程(C# 2008 篇)[M]. 北京:清华大学出版社,2010.

[6] 明日科技. ASP. NET 从入门到精通(第 3 版)[M]. 北京:清华大学出版社,2012.

[7] John Kauffman, Thiru Thangarathinam. ASP. NET 2.0 数据库入门经典(第 4 版)[M]. 肖奕,译. 北京:清华大学出版社,2006.

[8] 赛奎春,顾彦玲. ASP. NET 项目开发全程实录(第 3 版)[M]. 北京:清华大学出版社,2013.

[9] Bill Evjen, Scott Hanselman, Devin Rader. ASP. NET 3.5 高级编程(第 5 版)[M]. 杨浩,译. 北京:清华大学出版社,2008.

[10] 刘西杰,柳林. HTML、CSS、JavaScript 网页制作从入门到精通[M]. 北京:人民邮电出版社,2012.

[11] 李东博. HTML5+CSS3 从入门到精通[M]. 北京:清华大学出版社,2013.

[12] Mathew MacDonald, Adam Freeman, Mario Szpuszta. ASP. NET 4 高级程序设计(第 4 版)[M]. 博思工作室,译. 北京:人民邮电出版社,2011.

[13] 华夏,陈新寓. ASP. NET 案例实训教程[M]. 北京:科学出版社,北京科海电子出版社,2009.

[14] Scott Mitchell. ASP. NET 4 入门经典[M]. 陈武,袁国忠,译. 北京:人民邮电出版社,2011.

[15] 林菲,孙勇. ASP. NET 案例教程(修订版)[M]. 北京:清华大学出版社,北京交通大学出版社,2011.

[16] 陈作聪,王永皎,程凤娟. Web 程序设计——ASP. NET 网站开发[M]. 北京:清华大学出版社,2012.

[17] http://zh.wikipedia.org.

[18] http://msdn.microsoft.com.

[19] http://www.w3school.com.cn.

[20] http://www.csdn.net.

[21] http://www.cnblogs.com/

[22] Xiaohong Wang, Yajing Liu, Zheng Wang, et al. Design and Development of the Urban

Water Supply Pipe Network Information System Based on GIS[C]. Advances in Civil and Industrial Engineering (Part3): Applied Mechanics and Materials, 2014, vol(580-583): 2251-2255.

[23] Zheng Wang, Xiaohong Wang. Study on Methods of Urgent Refuge Planning Based on GIS[C]. Applied Mechanics and Materials, 2013, 3: 2389-2393.

[24] Xiaohong Wang, Yajing Liu, Lina Guo. The Invasive Species Risk Assessment and Prediction System Based on GIS[C]. Environmental Technology and Resource Utilization II: Applied Mechanics and Materials, 2014, vol(675-677): 1052-1055.